Zebraberge in Namibia, Südwestafrika (Luftaufnahme aus 2000 Meter Höhe)

GEO
ART
BERNHARD EDMAIER

KUNSTWERK ERDE
TEXTE VON ANGELIKA JUNG-HÜTTL

blv

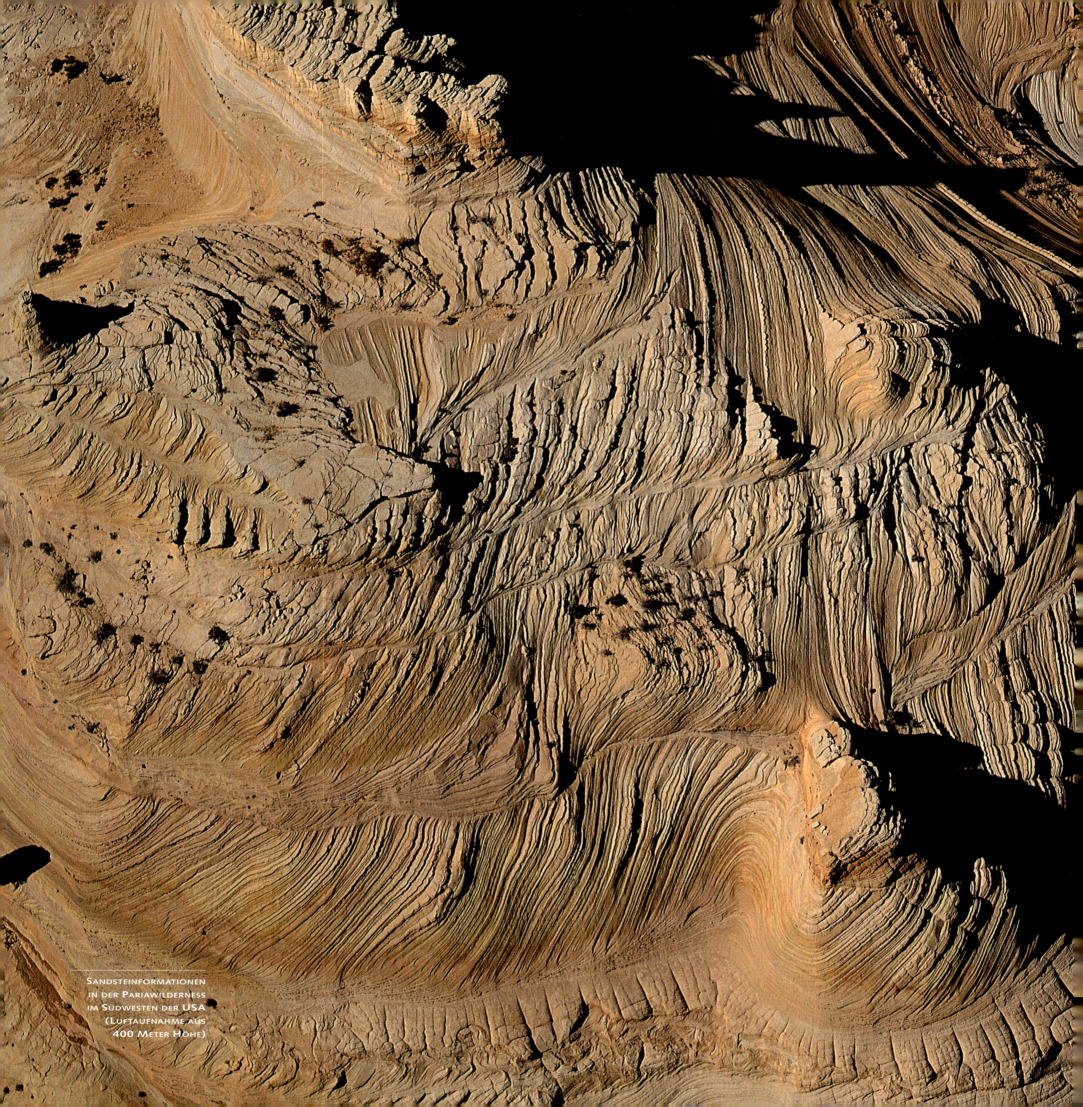

Sandsteinformationen in der Pariawilderness im Südwesten der USA (Luftaufnahme aus 400 Meter Höhe)

INHALT

VORWORT		7
GEBIRGE		8
GLETSCHER		36
FLÜSSE		58
WÜSTEN		82
KÜSTEN		104
INSELN		118
VULKANE		134
NACHWORT		154

Langgezogene Kalksandbänke auf den Bahamas (Luftaufnahme aus 2500 Meter Höhe)

VORWORT

Die Erde ist nicht so fest und starr wie es scheint. Könnte der Mensch die Kontinente aus großer Höhe beobachten, während Jahrmillionen im Zeitraffer passieren, würde der stetige Wandel sichtbar: Ein Stück Land senkt sich ab, und Meerwasser füllt das Becken, Gebirge erheben sich und verflachen allmählich wieder, Inseln tauchen auf und versinken, Flüsse schaben Täler aus und schlagen dabei immer wieder neue Wege ein, Küstensäume oszillieren, Wüsten breiten sich aus und ziehen sich zurück, Gletscher wachsen, schrumpfen und entstehen wieder neu.

Es ist eine alte Weisheit, daß die »unbelebte« Natur – die Gesteine, aus denen die Kruste unseres Planeten besteht – ebenso wie die belebte Natur einem ständigen Kreislauf des Werdens und Vergehens unterliegt. Dabei modellieren Wasser und Wind, Hitze und Kälte den Erdball von außen. Von innen her wirken Kräfte, die Felsschichten brechen, in Falten legen und zu Bergen aufwölben, oder auch Gesteine aufschmelzen, um Vulkane mit glutflüssigem Magma zu speisen.

Die Bilder des Buches sind Momentaufnahmen dieser immerwährenden Prozesse. Egal, welche Kräfte jeweils zusammengespielt haben – es resultierten daraus Farben, Formen und Strukturen von einer nur durch natürliche Prozesse bestimmten Ästhetik. Mikro- und Makrokosmos scheinen zu verschmelzen, Anorganisches ist Organischem zum Verwechseln ähnlich, Reales wirkt abstrakt.

Reste eines
Sandsteingebirges in der
Paria Wilderness,
Utah, USA
(Luftaufnahmen
aus 500 Meter Höhe)

GEBIRGE

türmen sich überall dort auf,
wo Kräfte aus dem Erdinnern mächtige
Felsschichten aufbrechen, kippen,
übereinander schieben oder
in Falten legen –
und dabei gen Himmel
drücken. Regen, Eis und Wind
schleifen die Berge und
ebnen sie allmählich ein.

URALTER FELS

Die ältesten Gesteine der Erde liegen auf Grönland. Der massige Fels ist ein Relikt der ersten festen Haut, die vor mehr als dreieinhalb Milliarden Jahren den damals noch glühenden Erdball umspannte. Seither kühlt unser Planet stetig ab. Seine harte Rinde, die Lithosphäre, wird dabei immer dicker. Heute mißt sie unter den Ozeanen etwa 100 Kilometer, im Bereich der Kontinente bis zu 200 Kilometer.

Das ist nicht viel. Vergleicht man die Erde mit einem Apfel, dann ist die Lithosphäre nur ungefähr so dünn wie dessen Schale. Unter dieser Schicht herrschen heute immer noch Temperaturen von mehreren Tausend Grad Celsius. Dazu kommt der extrem hohe Druck. Die Gesteinsmasse unter der festen Erdrinde ist deshalb – so die gängige Theorie – nicht starr, sondern plastisch wie Ton. Sie verharrt nicht auf der Stelle, sondern kriecht langsam dahin – angetrieben durch die Hitze vom Zerfall radioaktiver Elemente im Innern unseres Planeten.

Diese Strömungen hinterlassen auf der Erdoberfläche deutliche Spuren. Die harte Rinde des Globus ist in mehrere große Platten zerbrochen, die – wie die dicht gepackten Schollen einer zerborstenen Eisfläche auf dem Wasser – auf dem heißen, zähen Gesteinsbrei im Erdinnern schwimmen. Dabei rammen sie sich, schrammen aneinander vorbei und tauchen sogar untereinander ab.

Die imposantesten Gebirge erheben sich dort, wo die Platten zusammenstoßen. Riesige Gesteinspakete werden gestaucht, in Falten gelegt und emporgedrückt. Im Gebiet des heutigen Himalaya haben sich die indische und die eurasische Platte ineinander verkeilt. Auch am 15 000 Kilometer langen Kettengebirge der Kordilleren, das sich an der Westküste Süd- und Nordamerikas entlangzieht, bewegen sich Platten gegeneinander: Vom Pazifik her tauchen entlang dieser Linie einige Platten unter die amerikanischen Kontinente ab. Ganze Schichtverbände der Erdrinde werden in der Kollisionszone abgeschuppt, zerknautscht und als Gebirgskette hochgedrückt.

Die Alpen sind auf ein Drittel ihrer Ursprungsbreite zusammengestaucht

Welche ungeheuren Kräfte dabei am Werk sind, machen die Alpen deutlich. Die Gesteine, die sich in diesem Gebirgsbogen übereinanderstapeln, wurden einst im Urmeer der Tethys – dem Vorläufer des heutigen Mittelmeeres – zwischen der eurasischen und der afrikanischen Platte abgelagert. Als sich die beiden Kontinente aufeinander zuschoben, preßten sie den Raum, in dem sich die Alpengesteine gebildet hatten, auf ein Drittel seiner ursprünglichen Ausdehnung zusammen!

Faltengebirge wie der Himalaya, die Kordilleren und die Alpen zeichnen auf dem Globus die Kollisionszonen von Platten nach. Bruchschollengebirge hingegen liegen dort, wo sich die heiße Masse im Erdinnern aufbeult. Die harte Rinde wird dadurch gezerrt

KNOTENPUNKT DES SPALTENNETZES, DAS – GEFÜLLT MIT DUNKLEM BASALTGESTEIN – DIE BERGE BEI SWAKOPMUND IN NAMIBIA DURCHZIEHT, SÜDWESTLICHES AFRIKA

und zerbricht in mehrere Teile, die sich gegeneinander verstellen. Das Colorado-Plateau im Südwesten der USA wurde so im Lauf von vielen Millionen Jahren um etwa 2000 Meter gehoben und in Schollen zerlegt. In eine der Schollen hat der Colorado-River den berühmten Grand Canyon eingeschnitten. An anderer Stelle des Plateaus präparierten Regengüsse und Bäche die schlanken Steinsäulen des Bryce Canyon aus dem Gestein heraus.

Die Erdrinde reißt an Dehnungzonen manchmal bis zum heißen Erdinnern auf. Durch die Spalten kann in großen Mengen Gesteinsschmelze emporsteigen. Glutflüssige Lava quillt an die Oberfläche und überflutet die Landschaft. Flutbasalt heißen die schwarzen Felsdecken, die sich über Tausende von Quadratkilometern erstrecken können. Solche Ereignisse haben im Lauf der Erdgeschichte das Relief unseres Planeten entscheident geprägt.

Vor etwa 180 Millionen Jahren geschah dies im Süden des afrikanischen Kontinents. Inzwischen wurde dort die Lavadecke an vielen Stellen durch Wasser und Wind abgetragen. Was blieb ist ein Netz aus Spalten, gefüllt mit dunklem Basalt, der sich im Zentrum der Namib-Wüste deutlich vom hellen Gestein der kahlen Berge abhebt.

Der Fels der Gebirge hält nicht ewig,

...... selbst die höchsten Gipfel zerfallen im Lauf der Erdgeschichte. Der Wechsel zwischen Hitze und Kälte sprengt das Gestein in Stücke. Wind und Wasser zerreiben es zu Sand und Staub, transportieren den Abraum fort und lagern ihn Schicht für Schicht an anderer Stelle wieder ab.

Immer neue Stapel legen sich über die alten. So geraten die zuerst abgelagerten Schichten unter Druck und versinken in tiefere, heißere Bereiche der Erde. Dort werden sie verfestigt, teilweise sogar wieder aufgeschmolzen und chemisch umgewandelt.

Wenn diese Gesteinspakete im Lauf von Jahrmillionen zwischen zwei kollidierende Platten geraten oder durch die Kräfte im Erdinnern aufgebeult werden, beginnt der Keislauf von Neuem: Gebirge wachsen empor, der Fels verwittert und wird abgetragen, abgelagert und verfestigt, um sich später wieder als Gebirge zu erheben ....

EIN MÄCHTIGER
FELSBOGEN

umrahmt den Blick auf das Spitzkoppe-Massiv.
Beide sind aus grobkörnigem Granitgestein,
das im Erdmittelalter vor etwa 150 Millionen Jahren
als Magma aus dem Erdinnern in den dreimal so alten Fels
des afrikanischen Kontinents eingedrungen und dort
steckengeblieben ist. Heute erhebt sich der Granit
als Inselgebirge über den älteren Fels aus tonigen, sandigen
und kalkigen Ablagerungen. Denn Granit ist härter als diese
Schichten und hält dadurch der Verwitterung
und Erosion länger stand.

SPITZKOPPE,
BIS ZU **1728** METER
HOHES INSELGEBIRGE AM
RAND DER WÜSTE NAMIB
IM SÜDWESTEN AFRIKAS

EIN FILIGRANES
NETZ

aus Kluftfüllungen wittert aus dem Sandstein
heraus. Es zeichnet die feinen Risse nach,
die den Fels bei der Hebung zum Gebirge
durchsetzten. Später hat sich dort Quarz
abgelagert. Er ist härter als die von Eisenmineralien rötlich gefärbten Sandsteinlagen,
und verwittert deshalb langsamer.

SANDSTEINGEBIRGE
IN DER PARIA WILDERNESS
IN UTAH, USA
(LUFTAUFNAHME AUS
500 METER HÖHE)

FARBEN-
SPIELE

von weiß über orange zu rosa und rotbraun rühren
von verschiedenen Eisen- und Manganmineralien her,
die sich zusammen mit Sand und Kalkschlamm vor etwa
40 Millionen Jahren im Zeitalter des Tertiärs am Grund
eines Sees ablagerten und sich allmählich zu Stein
verfestigten. Die Schichten wurden während
der Hebung des Colorado-Plateaus emporgedrückt,
und der See verschwand. Seither nagen Wind, Regen
und Eis am Fels. Die härteren Partien verwittern
zu Wänden aus eng aneinander gereihten, bizarren
Felssäulen, während die weicheren Partien
allmählich zu Schutt zerfallen.

Hügel und schlanke
Steinsäulen im Bryce
Canyon in Utah, USA
(Luftaufnahmen
aus 400 Meter Höhe)

BÄNDER AUS HELLEM
GRANIT

durchziehen die dunklen bis zu eineinhalb
Milliarden Jahre alten Gneise, die das Fundament
des amerikanischen Kontinents bilden.
Der Blick auf die Architektur des Felssockels ist
nur deshalb möglich, weil er während
der Hebung des Colorado-Plateaus so hoch
hinaufgedrückt wurde, daß sich der Gunnison
River, ein Nebenfluß des Colorado, 700 Meter tief
in das urzeitliche Gebirge einschneiden konnte.

»Painted Wall« im
Black Canyon,
der schwarzen Schlucht
des Gunnison-Flusses
in Colorado, USA

WENIGE METER
UNTER DEM MEER

der Bahamas liegt ein ständig wachsendes
Kalkgebirge verborgen. Seine Gipfel ragen als
flache Inseln über die Wellen.
Die subtropische Sonne erwärmt das Wasser
in den Lagunen bis auf 30 Grad Celsius,
so daß ständig Kalk ausfällt.
Dadurch erhöht sich allmählich das Plateau.
Korallenriffe geben den Ablagerungen Halt.
Gleichzeitig sinkt der Meeresboden langsam
ab – und das schon seit 190 Millionen Jahren.
Der untermeerische Kalksockel der Bahamas
ist heute mehr als 4400 Meter hoch.

KORALLENRIFFE UM
CONCEPTION ISLAND, EINE
DER SÜDLICHEN BAHAMAS-
INSELN (LUFTAUFNAHMEN
AUS 1400 METER HÖHE)

ZERFURCHTE
KRUSTE

Ein polygonales Fugenmuster überzieht

diesen Sandstein. Ursache dafür

sind vermutlich die extremen Temperatur-

unterschiede zwischen Tag und Nacht.

Sie erzeugen Spannungen im Fels,

den keine Pflanzendecke vor Hitze und Kälte

schützt. Risse entstehen, die Regen

und Wind allmählich zu Rinnen vertiefen.

SANDSTEINGEBIRGE
IN DER PARIA WILDERNESS
IN UTAH, USA
(LUFTAUFNAHME AUS
400 METER HÖHE)

IN SÄULEN ERSTARRT

ist der schwarze Basalt, ein Gestein
von vulkanischer Natur.
Sein Ursprung liegt etwa 200 Kilometer tief
unter der Erde. Von dort ist es als Magma
emporgequollen und in Lavaströmen
aus Spalten an der Oberfläche ausgeflossen.
Beim Erkalten schrumpft Basaltlava
und reißt dabei an polygonal zueinander
ausgerichteten Flächen auf.

BASALTSÄULEN AM
SVARTIFOSS,
SKAFTAFELL-NATIONALPARK
IM SÜDEN ISLANDS

IN RIESIGE
FALTEN

legen sich Felsschichten,

während ungeheure Kräfte im Erdinnern

sie zusammenpressen und zu Gebirgen

empordrücken. Die Gesteine

des Damara-Gebirges wurden schon

im Erdaltertum vor 600 bis 400 Millionen

Jahren abgelagert und gehoben.

Wind und Regen haben die Bergrücken

im Lauf der Zeit bis auf den Rumpf

abgetragen und dabei

die Faltenstrukturen freigelegt.

Reste des Damara-Gebirges in der Umgebung des Brandberges in Namibia, Südwestafrika (Luftaufnahme aus 2000 Meter Höhe)

vom WIND
ANGEWEHT

und abgelagert wurden die einzelnen

Partikel dieses Sandsteins im Erdmittelalter.

Vor etwa 200 Millionen Jahren bedeckte eine

Wüste – so groß und trocken wie heute

die Sahara in Afrika – einen Teil

des nordamerikanischen Kontinents.

Der Wind kam in unterschiedlicher

Stärke aus wechselnden Richtungen und

verursachte die ungleiche Schrägschichtung.

RESTE VERSTEINERTER
DÜNEN IM
SANDSTEINGEBIRGE DES
ZION-NATIONALPARKS
IN UTAH, USA

TIEFE CANYONS

hat das Wasser aus dem uralten Gestein herausgespült, das sich Schicht für Schicht vor mehr als 500 Millionen Jahren in einem Urozean vor Afrika bildete.

Die Reste damals lebender Tiere und Pflanzen färben es schwarz. Da die harten Kalkbänke langsamer verwittern und abgetragen werden als die weichen Mergel dazwischen, wurden die Talhänge in Terrassen abgestuft.

SCHLUCHTEN IN DEN HUNSBERGEN IM SÜDEN VON NAMIBIA, SÜDWESTAFRIKA (LUFTAUFNAHME AUS 1600 METER HÖHE)

STRIEMEN

aus dunklem Erz glänzen im hellen
Marmor. Das harte Gestein
wurde ursprünglich als Kalk in einem
Randbecken des Urmittelmeeres
abgelagert. Bei der Auffaltung der
Alpen unter Druck und Hitze geraten,
wandelte es sich in Marmor um.
Gletschereis hat ihn glattpoliert.

HOCHSTEGENMARMOR
NAHE DEM GIPFEL DES
HOCHFEILER IN DEN
ZILLERTALER ALPEN

SCHMELZWASSERSEEN
AUF DEM COLUMBIA-
(KLEINES BILD) UND
BERING-GLETSCHER
(LUFTAUFNAHME AUS
1000 METER HÖHE)
IN ALASKA

GLETSCHER

sind aus Eis, das stahlhart ist und trotzdem fließt. Moränen, dunkle Bänder aus Felsschutt, zieren ihre zerfurchten Rücken.

Wenn sie unter der Sommersonne ins Schwitzen geraten, füllt himmelblaues Schmelzwasser die Spalten.

EISKRISTALLE

..... schweben in Schneeflocken vom Himmel. Am Boden schließen sich Abermillionen dieser winzigen sechsstrahligen Sterne zu einer weißen Decke zusammen. Schon nach wenigen Stunden verlieren die filigranen Gebilde ihre feinen Spitzen, nach ein paar Tagen haben sie ihre Form ganz eingebüßt. Im Lauf der nächsten Wochen und Monate verklumpen ihre Reste, und wenn die Sonne sie nicht aufzehrt, ist nach einem Jahr körniger Firn daraus geworden. Die Schneeschichten der folgenden Winter drücken auf die alten Firnlagen und komprimieren sie zu Gletschereis.

Winzinge Luftbläschen werden während der Verfestigung im Eis eingeschlossen. Ihre Anzahl bestimmt dessen Farbe. Viele Bläschen streuen das Licht, und lassen das Eis weiß oder leicht grau erscheinen. Wenn nur wenige Luftbläschen eingeschlossen sind, dann können die Strahlen tief in die gefrorene Masse eindringen. Der langwellige rote Anteil des Sonnenlichts wird stärker absorbiert als der kurzwellige blaue Anteil. Deshalb sind mehr blaue als rote Strahlen im reflektierten Licht enthalten. Dem Betrachter erscheint das Gletschereis blau.

Je kälter es ist, desto härter ist das Eis. Bei Null Grad Celsius kann man es noch mit dem Fingernagel ritzen. Sinkt seine Temperatur auf minus 15 Grad Celsius, braucht man schon eine Münze, um ihm einen Kratzer zuzufügen. Bei minus 25 Grad Celsius ist es so hart wie Quarz oder Stahl.

Trotzdem kann die weiße Masse fließen. Sobald ein Gletscher dicker als 60 Meter ist, genügt allein sein Eigengewicht, um ihn in Bewegung zu versetzen. Wie ein zäher Kuchenteig geht das Eis auseinander – allerdings so langsam, daß es das menschliche Auge nicht wahrnehmen kann.

Der schnellste Gletscher der Erde ist der Jakobshavn-Gletscher an der Westküste Grönlands. Er schiebt sich im Jahr 4700 Meter weit in einen Fjord hinein, wo er in unzählige Eisberge zerfällt. Der größte Gletscher der Alpen dagegen, der 20 Kilometer lange Aletsch in der Schweiz, erreicht eine Geschwindigkeit von etwa 200 Metern jährlich. Der größte Teil der antarktischen Gletschermassen bewegt sich im gleichen Zeitraum nur um wenige Zentimeter vorwärts.

Spalten, Türme und Eiswülste

Bei Gebirgsgletschern bestimmt vor allem das Gefälle die Geschwindigkeit dieses Kriechens. Die Schwerkraft ist der Motor der Bewegung. Die kalten Kolosse brechen dadurch an der Oberfläche auf. Ungefähr 30 Meter tief reichen die Spalten. Erst darunter tut der Überlagerungsdruck auch im schrägen Gelände seine Wirkung und macht das Eis plastisch, so daß es sich bruchlos vorwärtsschiebt.

Gletscherspalten können wenige Zentimeter bis einige Meter weit aufklaffen, und wenige Meter bis viele Kilometer lang sein. Mit Schmelzwasser gefüllt, werden sie in der warmen Jahreszeit zu langgestreckten Seen von intensiv blauer Farbe.

BLAUE EISBERGE, ABGEBROCHEN VON DER FRONT DES SHOUP-GLETSCHERS IN DER BUCHT VON VALDEZ, ALASKA

An Steilstufen steigt die Zugspannung im Eis. Oft zerreißt die kalte, bereits von Spalten durchzogene Masse dort unter lautem Knallen in schlanke Türme und Nadeln, die sich in verschiedene Richtungen neigen und jederzeit zusammenbrechen können.

Unterhalb eines solchen Gletscherbruchs im flacheren Gelände verringert sich die Fließgeschwindigkeit des Eises wieder. Der kalte Strom wird dadurch zusammengestaucht, Risse und Spalten schließen sich, und bogenförmige Wülste – Ogiven – entstehen.

Gletscher sind riesige Hobelmaschinen

Sie verleihen den Gebirgen ein markanteres Relief als es Regen und Wind zustande bringen. Während sie über den Fels kriechen, kratzen sie am Untergrund, brechen Stücke heraus und zermahlen sie zu Sand und Staub. Wie Förderbänder transportieren Eiszungen den Gesteinsschutt, der durch Steinschlag oder Lawinen von den Felswänden auf sie herabstürzt, kilometerweit mit sich fort und lagern ihn am Zungenende wieder ab. Solche Moränen, eine bunte Mischung aus unterschiedlichen Gesteinen, ziehen sich als dunkle Bänder zunächst an den Rändern einer Gletscherzunge entlang. Wenn zwei Eisströme zusammenfließen, vereinigen sich zwei Seiten – zu einer Mittelmoräne. Wenn mehrere Eiszungen aufeinander treffen, verlaufen schließlich mehrere Moränenbänder parallel.

Hindernisse im Gletscherbett können die kalte Masse bremsen, ebenso wie eine Verflachung im Gelände. Dann werden die Schuttbänder verbogen, manchmal sogar in Zickzacklinien gelegt.

Besonders eindrucksvolle Bänder aus Moränenschutt trägt der größte Vorlandgletscher der Erde, der Malaspina an der Pazifikküste von Alaska. 3 000 Quadratkilometer nimmt die Eismasse ein, die sich flach zwischen dem langgestreckten St.-Elias-Gebirge ausbreitet. Die Fläche der Malaspina ist damit größer als die aller Alpengletscher zusammengenommen. 25 Gletscherzungen vereinigen sich in diesem riesigen Eiskuchen. Ihre Schuttbänder sind durch das ständige Verbiegen auf der viele Kilometer langen Strecke stellenweise so eng zusammengerückt, daß sie die Eisoberfläche fast vollständig mit einem dunklen Streifenmuster überziehen.

IM RHYTHMUS
DER GEZEITEN

hebt und senkt sich die Gletscherzunge,

die sich ins Wasser schiebt und aufschwimmt.

Ebbe und Flut zerren an ihr. Das Eis reißt

oberflächlich auf und zerbricht in

unzählige Säulen und Platten,

die sich in Kuppeln zueinander neigen.

EISSTROM DES
HUBBARD-GLETSCHERS
AN DER WESTKÜSTE
ALASKAS (LUFTAUFNAHMEN
AUS 900 METER HÖHE,
ÜBERSICHT UND DETAIL)

SPALTEN
KLAFFEN AUF

wo die mehrere Hundert Meter
dicke Eismasse in das steile Tal
hinabzufließen beginnt und dabei stark
gedehnt wird. Sie reichen jedoch
nur 30 Meter tief in den Gletscher hinein.
Darunter kann das Eis nicht reißen,
denn es reagiert unter dem Druck
der überlagernden Schichten plastisch.

FRANZ-JOSEF-
GLETSCHER IN DEN
ALPEN AUF DER
SÜDINSEL VON NEUSEE-
LAND (LUFTAUFNAHME)

JAHRESRINGE
EINES EISSTROMS

In bogenförmige Wülste - in Ogiven - legt sich die Gletscherzunge am Fuß eines Eisabbruches, wenn sie beim Übergang vom Steilhang in flacheres Gelände »abgebremst« wird.

Jede Verdickung ist mit einem Winter, jede Einschnürung mit einem Sommer gleichzusetzen. Denn in der warmen Jahreszeit schmilzt ein Teil des Eises im Abbruch, der mit seinen vielen Spalten der Sonne eine große Angriffsfläche bietet. Dadurch verliert der Gletscher an dieser Stelle an Masse.

GILKEY-GLETSCHER, SEITENARM DES JUNEAU-EISFELDES IN ALASKA (LUFTAUFNAHMEN AUS 1200 METER HÖHE, ÜBERSICHT UND DETAIL)

SKYLINE
IM EIS

Durch das ständige Zerren am Eis
beim Fließen kann die Oberfläche
eines Gletschers in ein Chaos
aus Blöcken zerbrechen.
Sonne, Wind und - bei Eisströmen in
wärmeren Regionen - auch Regenwasser
schmelzen, schleifen und
umspülen diese Gebilde.
Türme und Nadeln entstehen,
die sich unter ihrem eigenen
Gewicht biegen.

Perito-Moreno-
Gletscher am Rand
der Patagonischen
Anden im Süden
Argentiniens

TÜRKISE
SÄUME

verleiht das Sonnenlicht,

das unter der Wasseroberfläche vom Eis

reflektiert wird, diesen Eisbergen.

Die feinen Linien auf den

weißen Oberflächen haben

Schmelzwasserbäche hinterlassen -

noch zu Zeiten, als die schwimmenden

Inseln Teil eines Gletschers waren.

EISBERGE VOM
JAKOBSHAVN-GLETSCHER
AN DER WESTKÜSTE
GRÖNLANDS
(LUFTAUFNAHME AUS
800 METER HÖHE)

FARBE

INS EIS

bringt dieser See aus gefrorenem
Schmelzwasser. Weil das Wasser völlig rein ist
und auch kaum Luftbläschen enthält,
die das Sonnenlicht streuen, können
die Strahlen tief eindringen.
Das langwellige rote Licht wird im gefrorenen
See absorbiert, das kurzwellige blaue Licht
wird reflektiert - daher die intensive Farbe.

SCHMELZWASSERSEE
AUF EINEM EISBERG IM
JAKOBSHAVN-FJORD AN
DER WESTKÜSTE
GRÖNLANDS
(LUFTAUFNAHME)

MORÄNEN-
ZÜGE

zeichnen bizarre Muster auf die großen Gletscher Alaskas. Der Felsschutt lagert sich in langgezogenen Bändern auf den langsam talwärts kriechenden Eiszungen ab. Sobald der Gletscher in seinem Fluß behindert wird, schiebt sich das Eis zusammen und die Schuttbänder auf seinem Rücken werden geknickt.

Malaspina-Gletscher an der Pazifikküste von Alaska (Luftaufnahmen aus 1800 Meter Höhe, Übersicht und Detail)

FEDER-
STRICHE

zieren – aus der Luft gesehen –

viele Gletscher auf der Vulkaninsel Island.

Moränenschutt zieht sich in schlanken

Streifen über den Eiskuchen.

Zudem haben sich dunkler Staub und

Vulkanasche, die von den umliegenen

Bergen eingeweht wurden, in den Rissen

im Eis angesammelt und so ein Gitter

aus feinen Linien über

den Gletscher gelegt.

Skeidarárjökull,
Gletscher im Süden von
Island (Luftaufnahmen
aus 1400 Meter Höhe,
Übersicht und Detail)

EINE
EISBRÜCKE

erhebt sich auf dem Rücken

des Gletschers.

Sonne, Wind, Schmelz- und

Regenwasser haben

diesen freigespannten

Bogen aus dem Eis

herauspräpariert.

SCHMELZFORMEN
AUF DEM FRANZ-JOSEF-
GLETSCHER IN DEN ALPEN
AUF DER SÜDINSEL
VON NEUSEELAND

VERWILDERTE FLÜSSE IM SÜDEN ISLANDS, STELLENWEISE VON EISENMINERALIEN GELB UND ROTBRAUN GEFÄRBT (LUFTAUFNAHMEN AUS 1200 METER HÖHE)

FLÜSSE

.... tosen durch enge Schluchten, mäandern in Schlingen über weite Ebenen und streben in breiten Strömen den Ozeanen entgegen.

Sie schneiden sich in den Untergrund ein und verfrachten Unmengen von Erde und Gestein. Das macht sie trüb, verleiht ihnen aber auch Farbe.

WASSER

..... strömt unermüdlich dahin. Es dringt in Quellen aus der Erde oder rinnt von schmelzenden Gletschern ab. Was nicht von der Sonne aufgezehrt wird und verdunstet, strebt – der Schwerkraft folgend – immer dem tiefsten Punkt einer Landschaft entgegen. Rinnsale vereinigen sich zu Bächen, Bäche zu Flüssen und Flüsse zu Strömen, die schließlich ins Meer münden. Unterwegs bearbeitet das Wasser in seinen Fließrinnen das Gestein, schleppt Schlamm, Sand und Felsbrocken mit sich fort, um sie anderswo wieder abzulegen.

Turbulentes Treiben am Grund

Fließendes Wasser spielt mit seiner Fracht. Je nach Geschwindigkeit läßt es Sand und Steine in kleinen oder großen Sätzen vorwärtsspringen, reißt sie in den Wirbeln seiner Strömung immer wieder von neuem hoch. Beim wilden Tanz im Flußbett stoßen die Fragmente ständig aneinander, reiben sich dabei Ecken und Kanten ab und werden allmählich zu Körnern und Kieseln gerundet.

Feinste Teilchen von Ton und Schlick kommen im fließenden Wasser kaum zur Ruhe. Durch die Bewegung werden sie in Schwebe gehalten. Nur wenn sie am Rand der Gerinne in einen Stillwasserbereich geraten, haben sie Zeit genug, um langsam auf den Boden abzusinken.

Die Niagarafälle in Nordamerika sind ein drastisches Beispiel dafür, wie stark fließendes Wasser dem Gestein auf der Erdoberfläche zusetzen kann. 6 000 Kubikmeter Wasser stürzen dort pro Sekunde über 45 Meter hohe Felswände, die im oberen Teil aus hartem Kalkstein bestehen. Darunter liegen weichere Schiefer. Das herabstürzende Wasser spült den Schiefer aus. Der Kalk darüber wird unterhöhlt und bricht schließlich nach. Im Jahr werden die Wasserfälle auf diese Weise um etwa einen Meter zurückversetzt.

Flüsse transportieren das Salz ins Meer

Alle Flüsse der Erde zusammen verfrachten, so schätzt man, im Jahr 20 Milliarden Tonnen Erde und Gestein ins Meer. Umgerechnet wird dadurch die Landfläche unseres Globus innerhalb von 1000 Jahren um etwa drei Zentimeter abgetragen. Ein kleiner Teil der erodierten Masse lagert sich jedoch nicht auf dem Meeresboden ab, sondern bleibt im Wasser gelöst. Deshalb schmeckt das Meer salzig.

Wo Flüsse nicht vom Menschen kanalisiert und eingeengt werden, passen sie sich ganz den

GEFLECHT AUS WASSERLÄUFEN AUF DEM SKEIDARÁR-SANDER IM SÜDEN ISLANDS (LUFTAUFNAHME AUS 1600 METER HÖHE)

Glutströme aus dem Innern der Erde

Außer Wasser gibt es auf der Erde noch andere fließende »Medien«. Auch Eis bewegt sich vorwärts – allerdings so langsam, daß es mit den Augen nicht zu erfassen ist. Heiße Lava aus den Schloten von Vulkanen strömt dagegen, je nach Viskosität, chemischer Zusammensetzung und Hangneigung, rasch voran. Die Lavaflüsse am Vulkan Ätna auf Sizilien schieben sich nahe der Ausbruchsstelle mehrere Meter pro Minute vorwärts. Je weiter sie sich vom Eruptionsherd entfernen, desto stärker kühlen sie ab und desto langsamer werden sie.

Auf Hawaii *schießt die Schmelze so schnell wie Wasser die Flanken der Feuerberge hinunter. Der Grund: Die Lavaströme kühlen an den Rändern rascher ab als in der Mitte. Feste Seitenwände entstehen. Diese wachsen so stark an, daß sie einen Bogen über den Glutfluß bilden und ihn schließlich überdachen. Derart »eingetunnelt« ist der Lavastrom wärmeisoliert, kann deshalb seine hohe Fließgeschwindigkeit halten und kilometerweite Strecken zurücklegen, bevor die Schmelze erstarrt.*

Gegebenheiten von Landschaft, Klima und Wetter an. Sie schaffen sich ein breites Bett, in dem sie bei hohem Wasserandrang anschwellen können. Dort haben sie auch genug Raum, um einen Teil ihrer Fracht als Sand- und Kiesbänke abzulagern.

Unzählige Flußläufe *bedecken die mehr als hundert Quadratkilometer großen kahlen Ebenen – die Sanderflächen – im Vorfeld der Gletscher Islands. Die Gerinne werden vom milchig trüben Schmelzwasser gespeist. Sie verfrachten den Schutt, den das Eis vom Untergrund abgeschabt und zermahlen hat, verteilen ihn über die Sander und schaffen ihn bis ins Meer.*

Nicht immer verzweigen sich Flüsse, wenn sie genügend Raum haben. Auf ausgedehnten Flächen schwingen sie auch in gleichmäßigen Schlingen, in Mäandern, hin und her. Aus den leicht erodierbaren Gesteinsschichten der Ebenen im Südwesten Amerikas haben mäandernde Flüsse tiefe Schluchten ausgeschürft – die »Goosenecks« oder »Gänsehälse«.

IN
SCHLINGEN

gelegt hat sich der San Juan River

auf einer flachen Scholle des

Colorado-Plateaus schon vor

Millionen Jahren. Im Lauf der Zeit spülte er

diese fast 400 Meter tiefe Schlucht

in die horizontal übereinander

angeordneten Gesteinslagen.

Jede Schicht zeichnet sich als Band an

den Felswänden der Flußmäander ab.

GOOSENECKS,
»GÄNSEHÄLSE« DES
SAN JUAN RIVER IN UTAH,
USA (LUFTAUFNAHME AUS
1800 METER HÖHE)

EIN NETZ AUS
WASSERADERN

überzieht die kahlen Sanderflächen
vor den Eismassen Islands.
Fortwährend wirbeln die Schmelzwasserbäche den feinen Schutt, den sie selbst
von den Gletschern hergebracht und dann
abgelagert haben, wieder auf und schleppen
ihn mit. Das macht sie milchig trüb.
Oft fegen starke Windböen über die flachen
Schwemmebenen. Sie treiben das Wasser
über die Ufer und verwischen, aus der
Luft gesehen, die Konturen.

SKEIDARÁR-SANDER IM SÜDEN
ISLANDS VOR DEM VATNAJÖKULL,
DEM GRÖSSTEN GLETSCHER
EUROPAS (LUFTAUFNAHME AUS
1600 METER HÖHE, BREITE DES
BILDAUSSCHNITTS 300 METER)

ÄSTUAR
IN ROTBRAUN

In unzählige Arme aufgefächert

ergießt sich der Fluß an der Südküste

Islands ins Meer. Eisenmineralien färben

seine Sedimentfracht braun, gelb und

orange. Saures Moorwasser hat die

Oxide aus dem dunklen Vulkangestein

im Untergrund herausgelöst.

FLUSSMÜNDUNG
BEI EBBE IM GEBIET
DES LANDEYJAR-SANDER
AUF ISLAND
(LUFTAUFNAHME AUS
800 METER HÖHE)

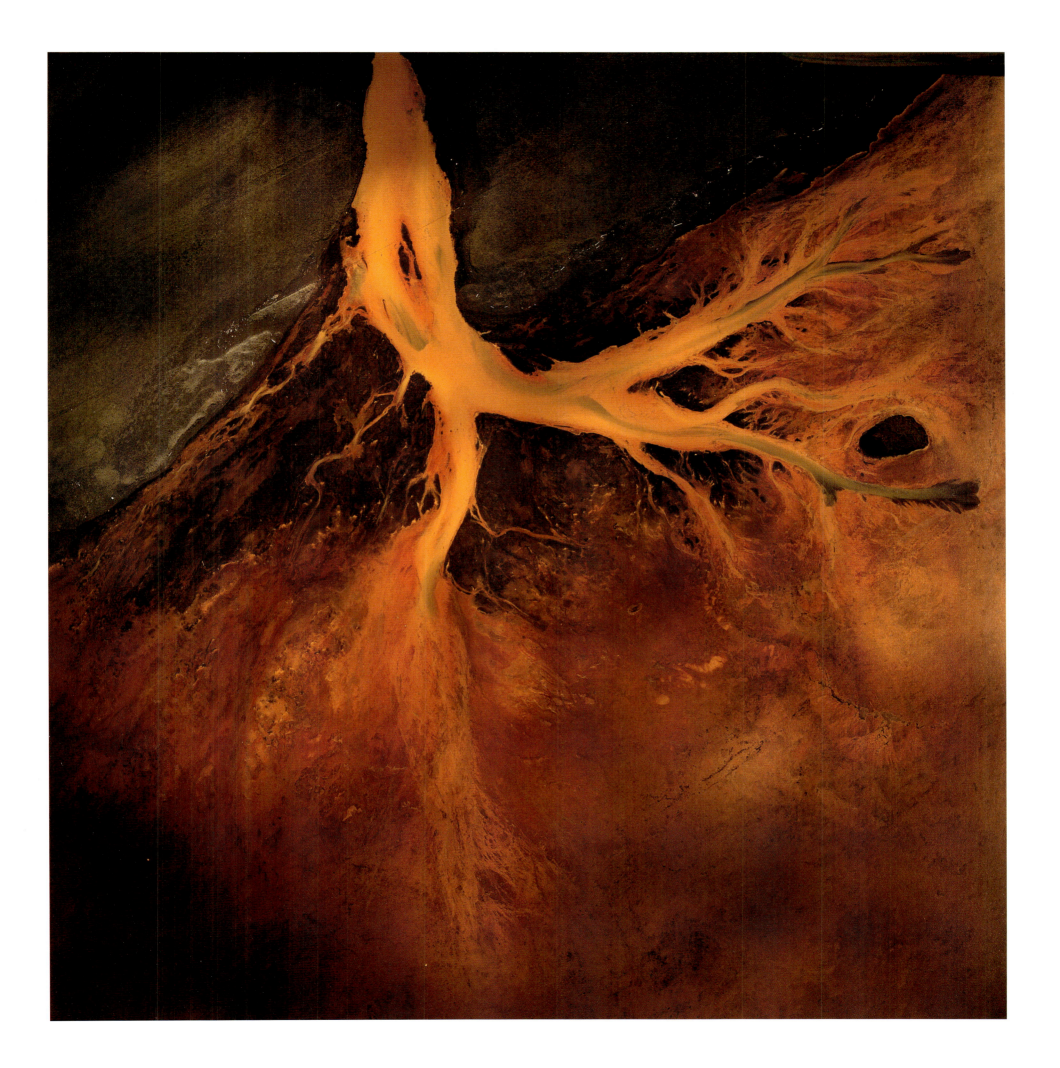

BLAUE FLÜSSE
IM EIS

Durchtränkt vom Schmelzwasser ist der
Gletscherrücken in der Sommersonne.
Dunkler Schutt verstärkt die eiszehrende
Wirkung der warmen Strahlen.
Das Wasser sammelt sich in Rinnen,
strudelt durch Trichter im Eis
und verschwindet im Innern
des Gletschers.

MENDENHALL-
GLETSCHER,
SEITENARM DES
JUNEAU-EISFELDES
IM SÜDEN ALASKAS

WIE EINE TIEFE
WUNDE

klafft das Flußtal im Herzen der Wüste Namib.

Es füllt sich für wenige Tage oder Wochen

im Jahr zur Regenzeit mit Wasser.

Das genügt, um den Sand, den der Wind

ins Flußbett bläst, abzutransportieren.

Kein Korn vermag das Tal zu überqueren,

das eine scharfe Grenze zwischen der

Sand- und der Steinwüste der Namib zieht.

TAL DES KUISEB IM
ZENTRUM DER WÜSTE
NAMIB IM SÜDWESTEN
AFRIKAS (LUFTAUFNAHME
AUS 1300 METER HÖHE)

IN SCHERBEN

ZERBROCHEN

ist der Boden in ausgetrockneten
Flußbetten überall dort, wo sich
feinster Schlamm aus dem Wasser
abgelagert hat. Eine dünne
Salzkruste – Rückstand beim Verdunsten
der letzten Feuchtigkeit – färbt
manche Polygone weiß.

TROCKENRISSE
IM FLUSSBETT DES
SWAKOP RIVER NAHE
SWAKOPMUND
IN NAMIBIA,
SÜDWESTLICHES AFRIKA

FLÜSSE
IM WÜSTENSAND

kommen nicht weit. Sie enden meistens in Senken
zwischen den Dünen und bilden dort Seen, in Namibia
Vleis genannt. Solch ein Anblick bietet sich in den
trockensten Gebieten der Namib nur alle paar Jahre.

Das Wasser strömt dann nur für einige Stunden oder
Tage durch ein Flußtal im Sand, bevor es verdunstet
oder versickert. Innerhalb weniger Wochen ist auch
der See im Mündungsbecken ausgetrocknet.

Zurück bleibt nur eine dünne Salzkruste,
die der Wind verbläst.

SOSSUSVLEI, NUR
SPORADISCH GEFÜLLTES
SEEBECKEN IM SÜDEN VON
NAMIBIA, SÜDWESTLICHES
AFRIKA (LUFTAUFNAHME
AUS 600 METER HÖHE)

STRÖME
AUS LAVA

Alle paar Jahre reißt der Vulkan Ätna an einer Flanke auf, und Flüsse aus geschmolzenem Gestein kriechen den Abhang hinunter.
Tagsüber erscheinen sie schwarz. Erst in der Dämmerung beginnen die Glutströme zu leuchten. An der Farbe läßt sich die Temperatur ablesen. In den gelben Partien ist die Schmelze etwa 1200 Grad, in den roten zwischen 900 und 1100 Grad Celsius heiß.

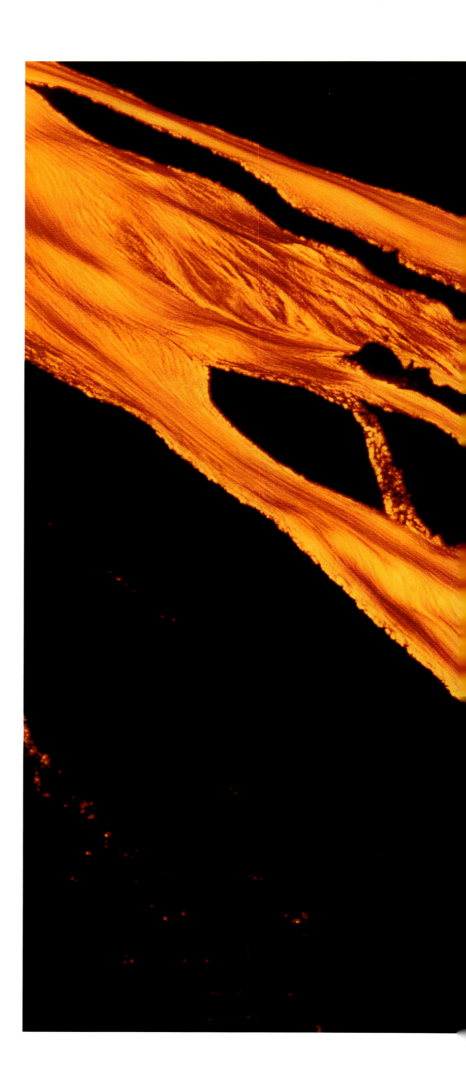

Lavaströme an der Südostflanke des Vulkans Ätna auf Sizilien beim Ausbruch von 1992

BEI
EBBE

fallen die extrem flachen Küstenbereiche

über große Flächen trocken.

Der Meeresboden leuchtet dann weiß

vom Kalk, der sich in reinster Form bei Flut

aus dem von der Sonne erwärmten

Wasser absetzt. In Blau präsentieren

sich die Priele, durch die das Wasser

im Wechsel der Gezeiten strömt.

WATT AN DER
WESTKÜSTE DER
BAHAMAS-INSEL
LONG ISLAND
(LUFTAUFNAHME AUS
1100 METER HÖHE)

EIN

LABYRINTH

haben die Nebenflüsse des Green River

in den roten und grauen Fels geschnitten.

Die ausgetrockenen Flußbetten

zwischen den Steingerippen führen

nur nach außergewöhnlichen

Regenfällen kurzzeitig Wasser.

CANYONLANDS
NATIONAL PARK
IN UTAH, USA
(LUFTAUFNAHME AUS
1500 METER HÖHE)

LÄNGS- UND
STERNDÜNEN IN DER
NAMIB-WÜSTE,
SÜDWESTLICHES AFRIKA
(LUFTAUFNAHMEN AUS
500 METER HÖHE)

WÜSTEN

sind Landschaften der Extreme.
Trockenheit, Hitze und Kälte,
aber auch Wasser und Wind gehören
zu ihren Baumeistern.

In Jahrtausende
dauernder Arbeit haben sie nicht
nur Sanddünen geschaffen

SANDDÜNEN

..... bedecken nur etwa zwölf Prozent der Wüstenflächen auf der Erde. Der große Rest ist Steinwüste, geprägt durch weite Fels- oder Schuttebenen und durch vegetationslose Gebirge. Auf den Eiskappen der Pole herrschen Kältewüsten. Sogar unter Wasser gibt es Wüsten – kahlen Meeresboden.

Öde kennzeichnet diese Regionen der Erde. Sie unterliegen einem ständigen Wandel, da keine Pflanzendecke sie vor Wind und Regen schützt. Doch gerade das Karge macht die Schönheit der Wüsten aus. Verwitterung und Erosion verleihen ihnen einzigartige Farben und Formen.

Die Wüste Namib im südwestlichen Afrika

..... zieht sich 2000 Kilometer an der Atlantikküste entlang. Sie zeigt, welch unterschiedliches Aussehen eine »Hitzewüste« annehmen kann. Im Süden wird sie von einem Dünenmeer beherrscht, während im Norden bis auf den Sandstreifen der »Skelettküste« Gebirge und Fels- sowie Geröllebenen die Landschaft prägen. Lufttemperaturen von 40 Grad Celsius sind tagsüber keine Seltenheit. In kalten Nächten werden manchmal auch Minusgrade gemessen.

Der viele Sand der Dünenmeere stammt, soweit man heute weiß, vom Abtrag der Gebirge im Inneren Südafrikas. Er wurde zunächst von Flüssen zum Atlantik verfrachtet. Der Benguela-Meeresstrom transportierte ihn an der Küste Afrikas entlang gen Norden. Wellen spülten ihn an den Strand. Dort wurde er von den Westwinden erfaßt, ins Land hineingeblasen und zu Dünen angehäuft.

Schiffswracks an der »Skelettküste« im Nordteil der Namib dokumentieren diesen Vorgang, der noch heute andauert. Ursprünglich im Flachwasser gestrandet, findet man sie nach Jahrzehnten im Sand viele Meter weit im Landesinneren.

In der Steinwüste zermürben die starken Temperaturwechsel zwischen Tag und Nacht den Fels. Jeder Tropfen des spärlich fallenden Regens dringt tief ins Gestein ein und zersetzt es. Dazu kommt der Wind. Je stärker er bläst, desto mehr und desto größere Staub- und Sandkörner reißt er vom Boden empor und transportiert sie fort. Damit schleift er wie ein Sandstrahlgebläse das Gestein, höhlt es – wenn er sich in Ritzen verfängt – aus und trägt es auf diese Weise Millimeter für Millimeter ab.

Die Namib gilt als die älteste Wüste der Welt. Vermutlich entstand sie schon vor etwa 20 Millionen Jahren, als der antarktische Kontinent über den Südpol wanderte und vereiste. Damals entwickelte sich auch der kalte Benguela-Meeresstrom, der von der Antarktis kommend an der Küste Westafrikas entlangzieht.

Er bedingt die Trockenheit im Gebiet der Namib. Denn er kühlt die warme Luft über dem Meer ab. Dadurch kondensiert zwar die Feuchtigkeit, doch der Regen fällt, bevor die Westwinde die Wolken über das Festland tragen.

RIPPELMUSTER
AUF SANDDÜNEN IN
DER NAMIB-WÜSTE,
SÜDWESTLICHES AFRIKA

Lediglich Nebelschwaden erreichen die Küste. An etwa 200 Tagen im Jahr ziehen sie während der Morgenstunden bis zu 100 Kilometer weit ins Landesinnere hinein, bevor sie sich auflösen. Sie sind zwischen den Regenzeiten die einzigen Feuchtigkeitsspender in diesem wasserlosen Sandmeer. Ähnliche Verhältnisse herrschen an der Westküste Südamerikas. Der kalte Humboldt-Strom hat dort die Atacama-Wüste entstehen lassen.

Regen in der Wüste ist ein sensationelles Ereignis. Plötzlich beginnen Samen, die jahrelang im trockenen heißen Sand ruhten, zu keimen und Gräser färben die Täler zwischen den roten Sanddünen grün. Flüsse mäandern durch den Wüstensand. Ihr Wasser sammelt sich in abflußlosen Senken und bildet dort Seen, die innerhalb weniger Wochen langsam austrocknen und versickern.

Auch in den Kältewüsten

..... an den Polen sind die Niederschläge knapp. Nur 20 bis 30 Millimeter fallen jährlich im Zentrum der Antarktis als Schnee. Mehr kommt pro Jahr – allerdings als Regen – auch im Innern der Sahara, der größten Wüste der Erde, nicht zusammen. Zum Vergleich: In Deutschland fallen jährlich bis zu 1600 Millimeter Regen und Schnee.

Wüsten »auf Zeit«

Tätige Vulkane können ihre nähere Umgebung in Wüsten verwandeln. Nach größeren Ausbrüchen überdecken dicke Schichten aus Vulkanasche und das schwarze Gestein erkalteter Lavaströme ihre Flanken. Doch Lavawüsten existieren meistens nicht lange. Die Verwitterung macht daraus – je nach Klimaregion – innerhalb weniger Jahre oder Jahrzehnte wieder fruchtbares Land. Denn sie setzt für das Pflanzenwachstum wichtige Minerale aus Asche und Lava frei.

In tropisch warmen und feuchten Regionen wie etwa auf den Vulkaninseln von Hawaii fassen erste Pflanzen schon wenige Monate nach dem Erkalten der Lava wieder Fuß in den Ritzen des schwarzen jungen Gesteins. Nach 50 Jahren ist es bereits von einer dichten Pflanzendecke überzogen. Unter den rauhen Klimaverhältnissen wie sie auf der Vulkaninsel Island im Norden des Atlantischen Ozeans vorherrschen, dauert es dagegen Jahrzehnte, bis erste Moose und Flechten auf dem dunklen Basalt gedeihen.

DÜNN-
SCHICHTIG

wie Blätterteig wirken die Sandsteinlagen in dieser Halbwüste im amerikanischen Südwesten. Die seltenen, aber heftigen Regengüsse und der Wind schmirgeln sie immer weiter ab. Die freigelegten Strukturen zeugen davon, daß diese Gegend schon zur Zeit der Gesteinsentstehung vor etwa 190 Millionen Jahren sehr trocken war. Sanddünen hatten sich dort übereinandergelegt.

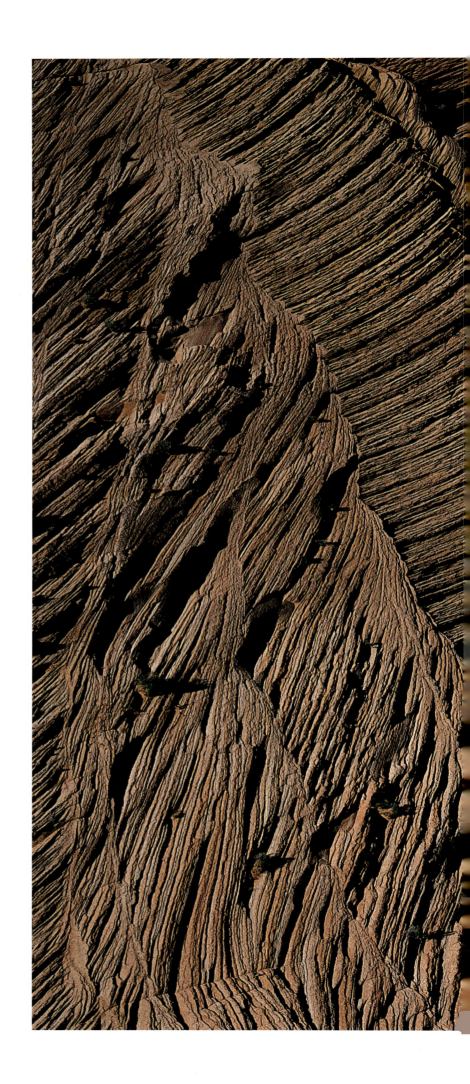

SANDSTEINVERWITTERUNGEN IN DER HALBWÜSTE DER PARIA WILDERNESS IN UTAH, USA (LUFTAUFNAHME AUS 400 METER HÖHE)

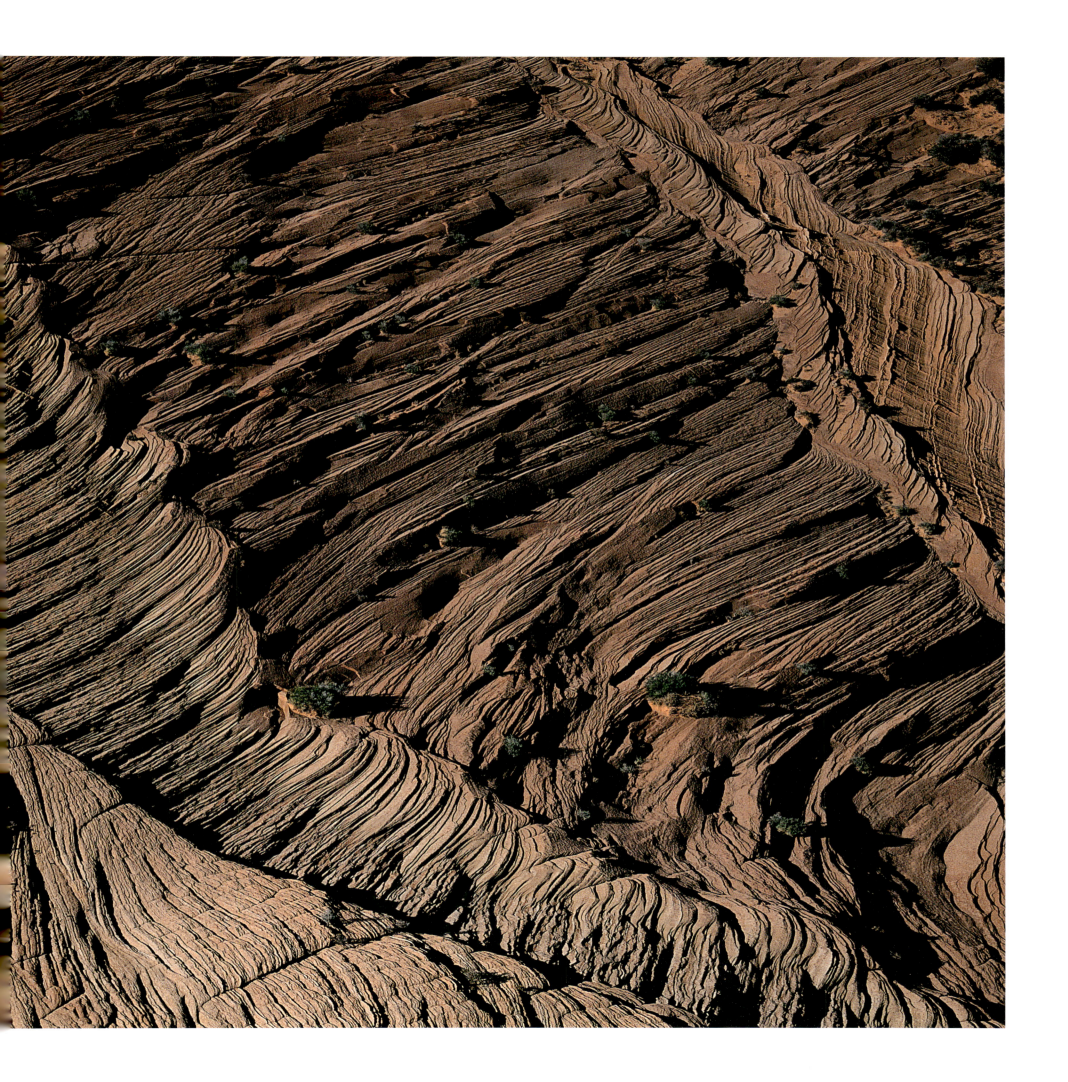

ROTGRÜNES
SANDMEER

Gleichmäßig aus einer Richtung wehender
Wind bläst den Sand zu schlanken Rücken
zusammen. Da er die Körner ständig über
die flache Dünenseite zum Kamm treibt,
wo sie den steilen Abhang hinunterrieseln,
wandern die eleganten Gebilde allmählich
quer über die Ebene. Eisenmineralien
färben sie rötlich. Nur nach einem
der sehr seltenen starken
Regengüsse wachsen für wenige Wochen
Gräser in den Dünentälern.

LÄNGSDÜNEN
IN DER NAMIB-WÜSTE,
SÜDWESTLICHES AFRIKA
(LUFTAUFNAHME AUS
600 METER HÖHE)

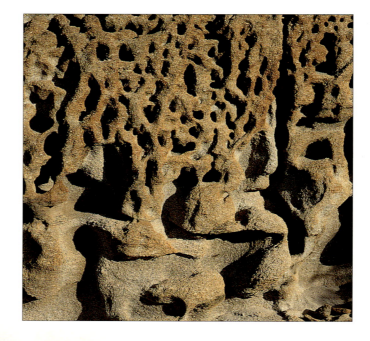

SKULPTUREN
DES WÜSTENWINDES

Temperaturschwankungen bis zu 50 Grad Celsius ist der Fels in der Wüste zwischen Tag und Nacht ausgesetzt ist. Das erzeugt Spannungen im Gestein, es reißt. Dazu kommt die Feuchtigkeit, die sich als Tau am Morgen oder an Nebeltagen niederschlägt, in den Fels eindringt und ihn langsam zersetzt. Sandstürme höhlen ihn an den Schwachstellen aus.

Verwitterter Granitfels in der Namib-Wüste im Südwesten Afrikas (Höhe des Bildausschnitts oben etwa 3 Meter)

WÜSTE

IN BLAU

Kobalt- und Chrommineralien geben
dem Boden die ungewöhnliche Farbe.
Sie stammen von vulkanischen Aschen,
die der Wind schon vor Jahrmillionen
antransportiert hat.
Der Fels, der sie überdeckte, ist wegerodiert.
Starke Regengüsse haben tiefe Rinnen
aus dem weichen blauen Gestein
herausgespült.

BADLANDS AUF DEM
COLORADO-PLATEAU
IM SÜDWESTEN DER USA
(LUFTAUFNAHME AUS
1200 METER HÖHE)

GLÄNZENDE
KRUSTEN

aus seilartig verzwirbelten

Strängen hinterlassen die

Ströme dünnflüssiger Lava auf

den Flanken der Vulkane, sobald

sie erkaltet sind. So verwandeln

sie fruchtbares Land für Jahrzehnte

in eine öde Wüste.

FRISCHE LAVADECKE
AN DER FLANKE
DES KILAUEA-VULKANS
AUF DER HAWAII-INSEL
BIG ISLAND

STRÖMUNG
UNTER WASSER

übernimmt in großen Sandgebieten

auf dem Meeresgrund die Tätigkeit

des Windes an Land: Sie verfrachtet

den Sand und lagert die Körner

permanent um. Es herrschen beste

Bedingungen für eine Unterwasserwüste:

Rippeln und Dünen werden

aufgeschüttet. Pflanzen können

aufgrund der ständigen Bewegung

nicht Fuß fassen.

UNTERWASSERWÜSTE
IM SÜDEN DER
GROSSEN BAHAMA-BANK
(LUFTAUFNAHMEN
AUS 1500 METER HÖHE)

MOSAIK
IM EISMEER

Die Kältewüste am Nordpol liegt
über dem Meer auf einer schwimmenden
Eisdecke, die je nach Jahreszeit in
ihrer Ausdehnung variiert.
Im Sommer ist sie etwa so groß wie
die »Hitzewüste« der Sahara in Afrika,
im Winter wächst sie auf das Doppelte an.
Strömungen und das Auf und Ab
der Wellen setzen ihr am Rand so stark zu,
daß sie in unzählige Schollen zerbricht.

AUFBRECHENDE
EISDECKE IM
NORDPOLARMEER VOR
WESTGRÖNLAND
(LUFTAUFNAHME AUS
600 METER HÖHE)

SINTFLUTARTIGER
REGEN

In der Wüste können zur Regenzeit
innerhalb weniger Stunden Wassermassen
vom Himmel stürzen. Sie lösen
Schlammfluten aus, die tiefe Schluchten
in das dunkle Felsplateau einschneiden.
Solche Ereignisse passieren zwar sehr
selten, doch sie hinterlassen in der
Landschaft markante Spuren.

GRAMADULLAS,
FELSLABYRINTH IM ZENTRUM
DER NAMIB-WÜSTE IM
SÜDWESTLICHEN AFRIKA
(LUFTAUFNAHME AUS
1500 METER HÖHE)

VULKANISCHE
ASCHEN

die verschiedene Erzmineralien enthalten,
verleihen den weichen feinen Ton- und
Mergellagen in der »bemalten« oder »bunten«
Wüste die intensiven Farben.
Sie wurden vor etwa 220 Millionen Jahren
bei heftigen Vulkanausbrüchen in die Luft
geschleudert, vom Wind verfrachtet und
zwischen den Schichten einer ehemaligen
Schwemmebene eingebettet.

PAINTED DESERT
AUF DEM COLORADO-
PLATEAU IM
SÜDWESTEN DER USA
(LUFTAUFNAHME AUS
500 METER HÖHE)

FELSGRATE AN DER
REGENREICHEN
NA-PALI-KÜSTE AUF DER
HAWAII-INSEL KAUAI
(LUFTAUFNAHMEN AUS
1200 METER HÖHE,
ÜBERSICHT UND DETAIL)

KÜSTEN

wandeln sich ständig. Unter dem Ansturm der Meereswellen, dem Sog der Strömung und dem Auf und Ab von Ebbe und Flut wird Land abgetragen – oder neu geboren.

WELLEN

.....sind die wichtigsten »Baumeister« der Küsten. Die Energie, mit der sie an Land rollen, bestimmt der Wind weitab von den Kontinenten auf dem offenen Meer. Wenn starke Stürme lang genug die Wasseroberfläche anpeitschen, können sich bis zu 30 Meter hohe Wellen aufbäumen. Sobald sie das Windgebiet verlassen, büßen sie von ihrer Kraft ein und werden »sanfter«. Die Mehrzahl aller Meereswogen ist nicht höher als 3,5 Meter.

An Steilküsten schlagen sie in kurzem Rhythmus hintereinander mit ungebremster Wucht an den Fels. Außer der Höhe der Wellen spielt dabei auch noch deren Länge eine Rolle. 3 Meter hohe und 30 Meter lange Wellen bringen 8 Tonnen Druck auf einen Quadratmeter Gestein, 4 Meter hohe und 60 Meter lange Wellen 12 Tonnen. Bei Stürmen werden 30 Tonnen pro Quadratmeter erreicht. Durch das ständige Bombardement schießt Salzwasser in alle Spalten und wird in feinste Klüfte gepreßt. Der Fels reißt, wird ausgelaugt und ausgespült, bis er zerfällt.

Harte Schichten halten der Brandung länger stand als weiche. Die Granitfelsen an der Südwestspitze von Cornwall in England sind in den vergangenen 10 000 Jahren nur wenig zurückgewichen. Das bekannte Cape Code in Massachusetts an der nordamerikanischen Ostküste soll dagegen in etwa 8000 Jahren durch die Wellen abgetragen und verschwunden sein. Die Kliffs an diesem Kap sind aus kaum verfestigtem Felsschutt, den einst Gletscher dorthin verfrachtet und abgelagert haben.

An flachen Stränden rollen die Wellen allmählich im seichteren Wasser aus. Dabei wühlen sie in der Brandungszone den Untergrund auf.

Hohe, kurze Wellen

..... wirken destruktiv. Sie prallen kräftig auf, wirbeln viel Sand und Steine empor und schleppen sie beim Zurückströmen ins Meer mit sich. Längere Wellen dagegen verhalten sich konstruktiv – sie laufen sanft ans Meeresufer, werden dabei langsamer und verlieren schließlich den aufgewirbelten Sand. Sie lassen ihn, wenn sie ins Meer zurückschwappen, liegen und vergrößern auf diese Weise den Strand.

Küstensäume schieben sich vor allem dort ins Meer vor, wo Flüsse münden. Deltas werden aufgeschüttet, das Land wächst. Strömungen erfassen das angeschwemmte Material und verfrachten es die Küsten entlang. Wellen spülen es erneut ans Ufer.

Besonders viel Material transportieren die Schmelzwasserflüsse auf der Atlantikinsel Island ins Meer. Seit dem Ende der letzten Eiszeit vor etwa 10 000 Jahren verfrachten sie unermüdlich den Abraum, den die Gletscher vom Untergrund abgeschabt haben, und laden ihn in breiter Front auf den weiten Sanderflächen an der Südküste ab. Seither hat sich die Uferlinie im Bereich der Flußmündungen einige Kilometer weit in den Atlantik vorgeschoben.

Gletscherläufe verlagern die Südküste Islands

Heute halten sich die Schuttzufuhr und der Abtransport durch küstenparallele Strömungen im Meer die Waage. Nur katastrophale Ereignisse wie Gletscherläufe können die Küstenlinie zum Meer hin verlegen. Das sind Schlammfluten großen Ausmaßes, die durch Vulkaneruptionen unter den Gletschern ausgelöst

SCHNEEBEDECKTER STRAND AUS SCHWARZEM LAVASAND AN DER SÜDKÜSTE ISLANDS (AUFNAHME AUS 300 METER HÖHE)

werden. 1918 beim Ausbruch des Vulkans Katla hat der anschließende Gletscherlauf den Strandsaum 500 Meter in Richtung Meer versetzt.

Ebbe und Flut

..... verschieben je zweimal am Tag die Land-Wasser-Grenze an den Küsten. Besonders deutlich ist der Wechsel in ausgedehnten Buchten mit starkem Tidenhub. In der Fundy-Bay in Kanada beträgt der Gezeitenunterschied 15 bis 17 Meter, an der französischen Nordküste im Bereich von St. Malo liegen zwischen dem Wasserstand von Ebbe und Flut 12 Meter. Während der Mond und auch die Sonne an den Wassermassen der Erde zerren, weicht der Grenzsaum im 6 1/4-Stunden-Rhythmus um einige Hundert Meter zurück, stößt wieder vor und legt dazwischen den Meeresboden an der Küste frei.

Während der Eiszeit waren große Mengen Wasser in den Eisfeldern der hohen Gebirge und an den Polkappen gebunden. Der Meeresspiegel lag daher um etwa 100 bis 140 Meter tiefer als heute. Die Landflächen waren größer. So konnte man trockenen Fußes den Ärmelkanal und die Beringstraße passieren. Die Vorfahren der Indianer sind damals von Asien nach Amerika eingewandert.

Bis in unsere Tage machen sich die Folgen der letzten Eiszeit an den Küstenlinien bemerkbar. In den ehemals stark vergletscherten Gebieten hebt sich das Land, wobei sich der Grenzsaum zum Meer verschiebt. Skandinavien zum Beispiel hatten die Eismassen so sehr belastet, daß die Erdkruste darunter schüsselförmig einsank.

Als das Eis vor 10 000 bis 12 000 Jahren zu schmelzen begann, fing das Land an, sich wieder zu heben. Der Prozeß dauert heute noch an. Skandinavien steigt in der Gegend um Stockholm um 5 Millimeter im Jahr empor. Je seichter das Meer an der Küste ist, desto größer das Stück Land, das mit jedem Millimeter Hebung trockenfällt. Im Zeitraum von Jahrhunderten werden viele Inseln vor der Küste Stockholms Teil des Festlands werden.

Durch den zunehmenden Treibhauseffekt könnte dieser Vorgang in Skandinavien jedoch gebremst werden. Denn Klimaszenarien zufolge soll sich die Luft in den nächsten zwei Jahrzehnten um 3 Grad Celsius erwärmen. Das Meerwasser dehnt sich bei einer Temperaturerhöhung aus und ein Teil der Gletscher schmilzt. Dadurch steigt der Meeresspiegel weltweit um einen halben Meter, flachen Küstengebieten droht eine dauerhafte Überschwemmung. Vor allem für viele Entwicklungsländer hätte das katastrophale Folgen: Das fruchtbare Nildelta würde überflutet. Auch in Bangladesch im Ganges-Delta wäre die Landwirtschaft ruiniert.

ZWEIERLEI
WELLEN

treffen sich an dieser Küste: die des Atlantik

und die der Namib-Wüste.

Ständig aus einer Richtung wehende Winde

treiben den Sand, den das Meer

an den Strand spült, ins trockene

und heiße Land. Dort lagert er sich

in langgezogenen Dünen ab.

ATLANTIKKÜSTE
VOR DER SANDWÜSTE
NAMIBIAS IN
SÜDWESTAFRIKA
(LUFTAUFNAHME AUS
500 METER HÖHE)

BRÜCHIGE
EISDECKEN

gleiten an den Küsten der Arktis und Antarktis ins Meer. Die Gezeiten und die Dünung zerren an den schwimmenden Gletschern. Dadurch lösen sich immer wieder große Stücke ab. Sie treiben als Eisberge durch die Ozeane, bis sie geschmolzen sind.

GLETSCHERFRONTEN AN DER WESTKÜSTE GRÖNLANDS (OBEN, LUFTAUFNAHME AUS 700 METER HÖHE) UND IN DER WESTANTARKTIS

SCHWARZE NEHRUNG

Das Meer hat die langgezogene Bank
aus Lavasand aufgeschüttet. An ihr staut
sich das trübe Schmelzwasser der
isländischen Gletscher, das in breiter Front
einst den Sand in den Atlantik transportiert
hat. Küstenparallele Strömungen
verfrachten die Abermillionen dunklen Körner
am Meerufer entlang, Wellen werfen sie
an Land und häufen sie zu niedrigen
Dämmen auf.

KÜSTENABSCHNITT
DES SKEIDARÁR-SANDERS
IN SÜDISLAND
(LUFTAUFNAHME AUS
1300 METER HÖHE)

FEURIGE KÜSTE

Die 1000 Grad Celsius heiße Lava

der hawaiianischen Vulkane

fließt durch unterirdische Gänge

bestens wärmeisoliert bis zum Meer.

Sobald sie dort an die Luft tritt und

mit dem Wasser in Kontakt kommt,

fängt sie an zu erstarren. Ein Plateau baut

sich auf und schiebt die Küste langsam

immer weiter in den Pazifik hinaus.

ÖFFNUNG EINES
LAVATUNNELS
AN DER KÜSTE DER
HAWAII-INSEL BIG ISLAND
(LUFTAUFNAHME)

PORTAL
IN DER BRANDUNG

Wellen haben im Lauf von Jahrtausenden
eine Öffnung in den Felssporn
hineingearbeitet. Sie wird mit jedem
Sturm größer. Das Gestein gehört zu
den Relikten eines schon lange
erloschenen Vulkankraters, den
das Meer allmählich abträgt.

DYRHÓLAEY,
BRANDUNGSTOR
AUS VULKANISCHEM
TUFF VOR DER
SÜDKÜSTE ISLANDS

STRÖMUNGSKANÄLE ZWISCHEN DEN EXUMA CAYS AUF DEN BAHAMAS (RECHTS), VULKANINSEL SURTSEY VOR DER SÜDKÜSTE ISLANDS (LUFTAUFNAHMEN AUS 1200 METER HÖHE)

INSELN

.... sind standhafte Gebilde.
Vom Wasser umschlossen trotzen
sie in Ozeanen, Flüssen und Seen
den Wellen, dem Wind und

.... der Strömung.
Felsinseln in der Wüste zeugen
von ehemaligen Gebirgen,

SEICHTES MEER

.....heißt im Spanischen »baja mar«. So nannten die alten Seefahrer den flachen Teil des Atlantiks vor Florida und Cuba, der heute als »Bahamas« auf den Landkarten verzeichnet ist. Sie fürchteten diese Gegend wegen der tückischen Riffe und Untiefen, die Piraten zu nutzen wußten, um die goldbeladenen Galeonen aus Mexiko abzufangen und auszuplündern.

Zwischen den 700 Inseln und mehr als 2400 Riffbänken der Bahamas kreuzen heute vor allem kleine Boote. Denn das Wasser ist dort über weite Areale hinweg nur ein paar Meter tief. Die Bahamer lesen an seiner Farbe ab, wie hoch das Meer über dem meist hellen, sandigen Grund steht: Bis 10 Meter leuchtet es grün und türkis, tieferes Wasser schimmert blau.

Gipfel eines Unterwasser-Gebirges

Die Bahamas gibt es schon seit 190 Millionen Jahren, also seit der Zeit, als noch die Dinosaurier die Erde bevölkerten. Seitdem hat sich dort ein untermeerisches Kalkgebirge aufgebaut. Es erhebt sich heute etwa 4400 Meter über den Meeresboden. Seine Gipfel ragen als Inseln aus dem Wasser heraus.

Ursprung der riesigen Kalkmasse ist das Meer selbst. Seine Strömungen transportieren das weiße Mineral laufend in gelöster Form heran. Wenn die subtropische Sonne das Wasser in den flachen Lagunen auf mehr als 30 Grad Celsius aufheizt, verdunstet ein Teil davon, der Kalk kristallisiert aus und setzt sich als weißer Schlamm ab. Korallen und Schwämme nutzen den im Wasser gelösten Kalk zum Bau von Riffen, Muscheln und Schnecken produzieren daraus ihre Schalen. Wenn die Tiere sterben und verwesen, bleiben ihre Gehäuse zurück. Die Schalen werden von den Wellen zerrieben, die Korallenskelette geben Schlamm und Sand Halt und festigen so die Inseln.

Das untermeerische Gebirge der Bahamas gewinnt durch die ständige Kalkproduktion fortwährend an Höhe. Daß es nicht über den Wasserspiegel hinauswächst, hat folgenden Grund: Die Erdkruste sinkt im gleichen Tempo ab wie das Plateau durch den Riffbau und die Kalkablagerungen aufgestockt wird. Nur während der Eiszeit, als große Mengen Wasser auf der Erde in Gletschern gebunden waren und der Meeresspiegel etwa 100 Meter tiefer lag als heute, fiel der Kalkstock der Bahamas oben trocken. Flüsse schnitten Täler ein, der Wind blies den Sand zu Dünen zusammen und Regenwasser spülte Höhlen in den Kalk. Als die Gletscher schmolzen, stieg das Meer wieder an. Seit etwa 5000 Jahren ist das Plateau der Bahamas wieder überflutet und die Kalksedimentation geht weiter.

Von Vulkanen ausgespuckt

Eine ganz andere Geschichte haben die vielen kleinen Inseln mitten in den Ozeanen. Es sind die Gipfel von Vulkanen, die mehrere Tausend Meter

INSEL DER RAGGED ISLAND RANGE, SÜDLICHE BAHAMAS (LUFTAUFNAHME AUS 700 METER HÖHE)

vom Meeresboden aufragen. Solange die Feuerberge aktiv sind, wachsen diese Inseln. Die Lavaströme des Kilauea-Vulkans auf Big Island, der größten Hawaii-Insel, fließen seit 1983 ununterbrochen bis zur Küste ins Meer. Sie haben seither das Eiland um mehr als 220 Hektar vergrößert.

Schätzungsweise 300 000 der untermeerischen Feuerberge, die über die Ozeanböden der Erde verstreut liegen, sind höher als 500 Meter. Viele erlöschen, bevor sie den Meeresspiegel, der oft Tausende von Metern über ihren Kratern liegt, erreichen. Wenn sie jedoch über Jahrmillionen aktiv sind, Lava ausstoßen und sich auf diese Weise erhöhen, können sie die Wasseroberfläche durchbrechen. Dann ereignet sich ein dramatisches Naturschauspiel. Als 1963 vor der Küste Islands im Nordatlantik die Insel Surtsey geboren wurde, schossen unter heftigen Explosionen riesige Dampfwolken 10 Kilometer in die Luft empor. Nach fünf Tagen ragte der Krater bereits 60 Meter über das Meer. Am Ende der Eruptionen 1974 hatte die junge Insel einen Durchmesser von 1300 Metern und war 174 Meter hoch.

Viele Vulkaninseln in den Ozeanen sind bereits erloschen. Sie verlieren allmählich an Volumen und verschwinden wieder im Meer. Das hat zwei

Gründe: Zum einen werden sie von oben durch die Verwitterung abgetragen; zum anderen sinkt unter ihnen der Meeresboden ab, weil die Inseln schwer auf die Erdkruste drücken, die ihrerseits nach dem Erlöschen der vulkanischen Hitze abkühlt und deshalb schrumpft.

Inseln gibt es nicht nur im Meer,

..... sondern auch auf dem Festland. Sie sind aus besonders hartem Fels. Er hält der Verwitterung noch stand, wenn weicheres Gestein in der Umgebung längst abgetragen und vom Wasser fortgespült wurde.

Die wohl bekanntesten Inselberge stehen im Monument Valley, im Land der Navajo-Indianer im Südwesten der USA. Aufgrund ihrer bizarren Form tragen sie Namen wie Totem Pole, Three Sisters oder Big Indian. Die Felsstöcke aus rotbraunem Sandstein, deren senkrechte Wände sich 100 bis 300 Meter über die Wüstenebene erheben, sind Reste eines Hochplateaus. Klüfte und Risse im Fels des Plateaus erweiterten sich unter dem Einfluß der Verwitterung zu Rinnen und schließlich zu Tälern. Nach Jahrmillionen der Erosion ist eine Ebene entstanden, die nur mehr von den mächtigen Monolithen überragt wird.

SCHWIMMENDE
INSELN

aus Eis treiben durch die Polarmeere.
Die weißen Kolosse, die von den
Gletschern abgebrochen sind,
brauchen Jahre, um zu schmelzen.
Die Schollen der Meereisdecke lösen
sich, wenn die Temperatur
den Nullpunkt übersteigt, meistens
schon nach wenigen Tagen auf.

EISBERG ZWISCHEN MEEREIS-
SCHOLLEN VOR DER KÜSTE
VON WESTGRÖNLAND
(LUFTAUFNAHME AUS
600 METER HÖHE, LÄNGE DES
EISBERGES ETWA 300 METER)

GEZEITEN

und ihre Strömungen schaffen
im flachen Meer zwischen kleinen Eilanden
der Bahamas türkisblaue Aquarelle. Sie treiben
weißen Sand zu submarinen Dünenfeldern
zusammen. Das Blau variiert mit der Wassertiefe.

BAHAMA-BANK WESTLICH
DER INSEL ELEUTHERA
(LUFTAUFNAHMEN AUS
2500 METER HÖHE,
ÜBERSICHT UND DETAIL)

UNZÄHLIGE
EISINSELN

treiben im schlammtrüben Schmelzwasser.

Sie haben sich von der Front des

kilometerlangen Gletscherstroms gelöst.

Staub und Schutt, die sich in den

ehemals klaffenden Gletscherspalten

angesammelt haben, verleihen

den eisigen Eilanden das Aussehen

von zerkratzten Kieseln.

EISBERGE VOR DEM
BERING-GLETSCHER
IN ALASKA
(LUFTAUFNAHMEN AUS
1000 METER HÖHE)

INSELN
MIT GRÜNEM SAUM

liegen in einem See, der während
der letzten Eiszeit entstand.
Alpengletscher haben damals
eine Menge Felsschutt antransportiert
und beim Rückzug ein unregelmäßiges
Relief hinterlassen. Einige Mulden
sind heute mit Wasser gefüllt,
die Hügel ragen als Inseln darüber hinaus.

OSTERSEEN
IM SÜDEN
DEUTSCHLANDS
(LUFTAUFNAHME AUS
1100 METER HÖHE)

EIN MEER
AUS SCHUTT

umgibt die kolossalen Felsmonumente.
Der Regen hat tiefe Rinnen hineingegraben.
Die bis zu 300 Meter hohen Inselberge sind
Relikte eines Hochplateaus, das durch
Erosion im Lauf von Jahrmillionen
abgetragen wurde. Verwitternde
Eisenmineralien geben dem Gestein
die rotbraune Farbe.

MONUMENT VALLEY
AN DER GRENZE
ZWISCHEN UTAH UND
ARIZONA, USA
(LUFTAUFNAHMEN AUS
700 METER HÖHE)

FARBIGE

SCHLEIER

umrahmen die Sand- und Kiesbänke

auf der Schwemmebene,

wenn graue Gletschermilch und

durch Eisenminerale gelb gefärbtes

Moorwasser zusammentreffen.

Der Wind treibt die Flußläufe

über die Ufer.

SAND- UND KIESINSELN
AUF DEM LANDEYJAR-
SANDER AN DER SÜDKÜSTE
ISLANDS (LUFTAUFNAHME
AUS 1200 METER HÖHE)

SÄURESEE DES MALY
SEMIACHIK AUF DER
RUSSISCHEN HALBINSEL
KAMCHATKA
(LUFTAUFNAHME AUS
400 METER HÖHE)
UND LAVA AM ÄTNA

VULKANE

.... machen die Erde bunt.
Rotglühende Lava fließt aus den
Schloten und erstarrt zu pechschwarzem
Gestein. Leuchtend gelber Schwefel

setzt sich aus den Gasen
der Feuerberge ab, und manche
Krater sind gefüllt mit türkisblauen
und smaragdgrünen Säureseen.

WIE DUNKLER SIRUP

..... überziehen erkaltete Lavaströme in breiter Front die Flanke des Vulkans Kilauea auf Big Island, der größten Insel von Hawaii. Der Feuerberg ist seit 1983 fortwährend aktiv. Ständig fließt Schmelze aus dem Seitenkrater, den die Hawaiianer Puu Oo, Hügel des Oo-Vogels, nennen. Von glühender Lava ist an den Hängen des Kilauea jedoch kaum etwas zu sehen. Denn die Schmelze strömt meistens unterirdisch in Tunneln bis zum Meer. Diese Röhren liegen unter einer Decke aus schwarzem, porösen Lavagestein, das an manchen Stellen leicht einbricht. Dann tun sich über den Tunneln Löcher auf – »Skylights«, aus denen heiße ätzende Gase aufsteigen, die in der Nacht blutrot leuchten.

Weiße Dampfschwaden entströmen den Spalten und Ritzen des Gesteins um den Gipfelkrater des Vulkans. Vermutlich deshalb trägt er den hawaiianischen Namen Kilauea, was soviel bedeutet wie »aufsteigende Rauchwolke«. Seine Lava kann Plantagen und Siedlungen gefährden. Trotzdem gehört er zu den eher harmlosen Vulkanen der Erde. Denn die Menschen, die an seinen Flanken wohnen, haben bei einem Ausbruch genug Zeit zur Flucht.

Die meisten der etwa 2000 tätigen Vulkane auf unserem Planeten sind dagegen hochexplosiv. Nur etwa 10 Prozent der Schmelze fließt bei einer Eruption in Lavaströmen aus den Kratern, die restlichen 90 Prozent fliegen zerfetzt und zu feiner Asche zerstäubt durch die Luft oder rasen in Glutwolken die Vulkanflanken hinunter. Wenn diese Feuerberge ausbrechen, werden große Landstriche auf einen Schlag verwüstet. Der Pinatubo auf den Philippinen und der Mount St. Helens im nordamerikanischen Kaskadengebirge sind die bekanntesten Vertreter dieses Vulkantyps.

Ätzende Gase färben den Boden

Geowissenschaftler schreiben Vulkanen die zwei Gesichter von »Doktor Jekyll und Mister Hyde« zu. Vor allem die gefährlichen Feuerspeier verhalten sich so zwiespältig. Die meiste Zeit liegen sie völlig ruhig da und zieren als hohe ebenmäßige Kegel – oft von einer Schneekappe gekrönt – die Landschaft. Nur phasenweise äußert sich die gewaltige, zerstörerische Kraft in ihrem Innern.

Doch auch in den Ruhepausen zeigen aktive Vulkane, daß sie nicht erloschen sind. Als würden sie atmen, strömen Dämpfe und ätzende Gase aus Löchern und Spalten im Gestein. Heiße Quellen und Geysire zeugen von der Hitze im Untergrund.

Bis zu 1000 Grad Celsius heiße Gase, die Fumarolen, kriechen teils langsam aus dem Gestein, teils schießen sie unter hohem Druck wie durch eine Düse aus dem Fels. Sie bestehen überwiegend aus Wasserdampf, enthalten jedoch zusätzlich eine Mixtur hochgiftiger ätzender Substanzen wie Chlorwasserstoff oder Salzsäure, Fluorwasserstoff, Schwefelverbindungen, Kohlenmonoxid und Ammoniak, daneben Stickstoff, Methan und Bestandteile von Erzmineralien.

PUU-OO-KRATER AM KILAUEA-VULKAN AUF DER HAWAIIANISCHEN INSEL BIG ISLAND (LUFTAUFNAHME AUS 250 METER HÖHE)

Damit können Fumarolen harten Fels zersetzen. Wenn sie lange genug auf ihn einwirken, bleibt davon nur noch ein feines Pulver übrig.

Bunte Krusten *überziehen dort das Gestein, wo sich die Dämpfe niederschlagen. Schwefelhaltige Verbindungen lassen auf dem Boden einen Rasen aus leuchtend gelben oder orangen bis rotbraunen Kristallen wachsen. Chloride bilden einen weißen Belag. Kupferhaltige Dämpfe können dem Fels eine grüne Patina verleihen.*

Heiße Quellen *sind weitere Anzeichen für vulkanische Aktivität. Geysire, deren Wasser durch die Hitze im Boden angetrieben in meterhohen Fontänen emporschießt, gibt es allerdings nur an vier Stellen auf der Erde – im Yellowstone-Nationalpark in den USA, auf Island, auf der russischen Halbinsel Kamchatka und auf der Nordinsel von Neuseeland. In diesen ausgedehnten Thermalgebieten brodeln auch Schlammtümpel. Das Blubbern kommt jedoch nicht vom Sieden. Die Blasen, die an der Oberfläche der Tümpel entweichen, sind gefüllt mit übel riechenden Gasen aus dem Erdinnern.*

In den Kraterlöchern *der Vulkane kann sich Regenwasser sammeln. Seen füllen dann die Trichter. Wenn heiße Gase aus dem Innern des Vulkans das Wasser ständig durchströmen, verwandelt es sich in eine ätzende Säure.*

Die drei Säureseen des Keli-Mutu

Der Keli-Mutu-Vulkan auf der indonesischen Insel Flores besitzt drei Krater mit Säureseen. Sie sind dafür bekannt, daß ihr Wasser im Zeitraum von mehreren Jahren die Farbe wechselt. Die Ursache wurde bis heute noch nicht genauer untersucht. Vermutlich ändern sich die Farben mit der Zusammensetzung der Gasgemische, die durch das Wasser blubbern. Derzeit ist der größte See türkis, einer der beiden kleineren olivgrün, der andere schwarz. Nur wenige Jahre davor waren sie blau, rotbraun und beige wie Milchkaffee.

Die Einheimischen glauben, *daß die Seelen der Verstorbenen in die Säureseen wandern. Die Seelen der jungen Toten geben dem Wasser das warme Grün, die von alten Leuten das kalte Blau. Im schwarzen See treffen sich die Geister von Mördern und Dieben. Warum jedoch die Farbe manchmal wechselt, dafür ist auch in der Mythologie der Inselbewohner keine Erklärung zu finden.*

KONZENTRISCHE
KREISE

umschließen die Blasen, die sich

langsam aufblähen, um

plötzlich laut schnalzend zu zerspratzen.

Sie sind gefüllt mit heißen

vulkanischen Gasen aus dem Untergrund,

die den Tümpel erhitzen und

übelriechende Schwefelverbindungen

im wasserdurchtränkten Schlamm

hinterlassen.

BLUBBERNDER
SCHLAMMTOPF IN
WAIOTAPU AUF DER
NORDINSEL
NEUSEELANDS

GLÜHENDE
LAVA

strömt unaufhaltsam zu Tal.
Sie begräbt Wald und Weinberge
unter sich. Gespenstisch leuchten
die Kronen der Bäume, deren Stämme
schon von der Schmelze umschlungen
sind, in feurigem Licht.

LAVASTROM
AM ÄTNA AUF SIZILIEN
WÄHREND DER
AUSBRUCHSPHASE
1991 BIS 1993

LEUCHTEND GELBER
SCHWEFEL

setzt sich ab, sobald heißes Gas

aus Spalten und Klüften

im vulkanischen Boden austritt und

mit der kalten Luft in Berührung kommt.

Wenn große Mengen Schwefel

im Dampf aus dem Erdinnern

heraustransportiert werden, wachsen

Schlote, dicke Krusten oder kristalline

Vorhänge um die Austrittsstellen.

SCHWEFELABLAGERUNGEN IM
MUTNOVSKY-KRATER AUF
DER RUSSISCHEN HALBINSEL
KAMCHATKA (KLEINES BILD)
UND IN WAIOTAPU AUF
NEUSEELAND (GROSSES BILD)

WIE EIN
AMPHITHEATER

ist der Krater geformt,

in dessen Zentrum ein heißer Säuresee

dampft. Regenwasser hat

die Felswände außen zerfurcht

und innen fein ziseliert.

Schwefelkrusten überziehen

den zernarbten Kraterboden.

WHITE ISLAND
VOR DER KÜSTE DER
NORDINSEL
NEUSEELANDS
(LUFTAUFNAHMEN AUS
800 METER HÖHE)

GUCK-LÖCHER

tun sich auf, wenn die poröse Decke über den unterirdischen Lavaflüssen einbricht. Durch solche »Skylights« wird der Blick frei auf die rotglühende Schmelze, die im Tunnel wie Wasser dahinschießt. Wenn der Lavaspiegel steigt, quillt die Schmelze aus den Öffnungen und verschließt sie wieder.

SKYLIGHT AN DER
FLANKE DES VULKANS
KILAUEA AUF DER
HAWAII-INSEL BIG ISLAND
(LUFTAUFNAHME)

LEUCHT-
FEUER

tauchen die Küste abends in ein

magisches Licht, wenn die Lava unter

ihrer harten erkaltenden Kruste

hervorbricht und sich ins Meer ergießt.

Der dünnflüssige Gesteinsbrei trifft dort

mit dem kalten Wasser zusammen.

Wolken aus ätzendem Dampf quellen

empor und füllen die Luft.

Lavaströme
an der Küste
der hawaiianischen
Insel Big Island

EINE VULKAN-EXPLOSION

hat vor 900 Jahren das Kraterloch
aus dem Boden gesprengt, das heute
ein See mit 70 Grad Celsius
heißem Wasser füllt.
Kieselmineralien säumen seinen Rand
in einem dicken weißen Wulst.
Schwefel verleiht der Farbpalette
den Gelbton, hitzeliebende Algen
sorgen für Grün und Orange.

CHAMPAGNE POOL,
EINE HEISSWASSERQUELLE
AUF DER NORDINSEL
NEUSEELANDS
(LUFTAUFNAHME AUS
150 METER HÖHE)

GRAPHISCHE
MUSTER

haben Islands Vulkane auf

die Gletscher der Insel gemalt.

Die Aschen, die sie bei Ausbrüchen

aus ihren Schlünden herausschleudern,

bedecken die zerfurchten Eisoberflächen.

Beim Fließen der Gletscher werden

die schwarzen Lagen bizarr verfaltet.

EISSTROM DES
SKEIDARÁRJÖKULL
IM SÜDEN VON ISLAND
(LUFTAUFNAHME AUS
1500 METER HÖHE)

NACHWORT DES FOTOGRAFEN

Verbirgt sich hinter GeoArt nur eine nüchterne Visualisierung von verschiedenen Oberflächenstrukturen der Erdkruste, oder ist es Landschaftsfotografie auf der Suche nach verborgenen Naturschönheiten, eine Bilderreise durch die vermeintlich bekannte Welt zu den Relikten einer Terra inkognita ?

Unter Landschaftsfotografie verstehe ich nicht die geschmäcklerische Inszenierung von »malerischen« Landschaften, ebensowenig wie den Versuch, den Mythos der unberührten Natur aufrecht zu erhalten. Vielleicht läßt sich meine Intention am besten mit einem Zitat des berühmten Kollegen Andreas Feininger ausdrücken : »Ich beobachte die Objekte der Natur zuerst mit den Augen eines Ingenieurs, der fasziniert ist von den Beziehungen zwischen Form und Funktion, und danach mit den Augen des Künstlers auf der Suche nach dem, was wir gemeinhin als ›Schönheit‹ benennen, da wir keine präzisere Definition für dieses Phänomen haben.«

Bei der Realisierung des Fotoprojekts GeoArt habe ich mich über eine anthropozentrische Sichtweise, auch wenn sie in unserer Branche zum Maß aller Dinge geworden ist, bewußt hinweggesetzt. Denn gerade in schwer zugänglichen, dem Menschen feindlichen Gegenden hat die »unbelebte« Natur ihre unglaubliche Formenvielfalt bewahrt. Verstärkt wird mein Engagement durch die tröstliche Erkenntnis, daß der Mensch in diesen Regionen noch gänzlich unbedeutend ist.

Die alte ewige Lust, die Welt von oben zu betrachten, beeinflußt auch meine fotografischen Ambitionen. Erst aus der Vogelperspektive erschließen sich die Dimensionen und die Abstraktheit der Strukturen, die die Erde hervorbringen kann. Sind es nun Produkte von Gesetzmäßigkeiten oder Kunstwerke des Zufalls – unser Planet wird zum ästhetischen Faszinosum.

Bernhard Edmaier

ROTE KLUFTFÜLLUNG IM DACHSTEINKALK DES »STEINERNEN MEERES«, BAYERISCHE ALPEN IM SÜDEN DEUTSCHLANDS

DANKSAGUNG

Für fachliche Informationen danken wir:

Prof. Dr. W. D. Blümel
 (Institut für Geographie, Universität Stuttgart);
Prof. Dr. Helgi Björnsson
 (Universität Reykjavik, Island);
Dr. Michael Rieder
 (Institut für Allgemeine, Angewandte und Ingenieur-Geologie, Technische Universität München)
Hans-Alfred Breiting
 (Farm Gamis, Maltahöhe, Namibia);
Jörg Friese (Stella Maris, Long Island, Bahamas);
Dr. Walter Sigl (Filmproduzent, München);

Janet Babb (Geologin, Volcano, Hawaii);
Paul Cox (Pilot, Bryce, Utah, USA);
Anneli Ketterer (Windhoek, Namibia)

Darüber hinaus wurde das Buchprojekt unterstützt von:

CA Ferntouristik (München);
CONDOR (Frankfurt); LTU (Düsseldorf);
Jórvik Aviation (Reykjavik, Island);
Jeff Northcutt (Pilot, Grand Canyon, Arizona, USA);
Pleasure Flights (Swakopmund, Namibia)

DATEN ZUR FOTOAUSRÜSTUNG

Kameras HASSELBLAD 503 CX, 201 F und Flexbody mit Objektiven Distagon 4/40 mm FLE, Distagon 4/50 mm FLE, Planar 2,8/80 mm, Planar 3,5/100 mm, Makro-Planar 4/120 mm, Sonnar 4/150 mm, Tele-Tessar FE 4/250 mm, Tele-Tessar TCC 4/350 mm.

Alle Fotos wurden ohne Farbfilter aufgenommen. Die Reproduktionen sind naturgetreu; es wurde keine elektronische Bildmanipulation durchgeführt.

Artwork, das den Texten unterlegt ist, wurde aus Elementen der Fotos aufgebaut und elektronisch bearbeitet.

FOTOS VON UMSCHLAG, VOR- UND NACHSATZ

Umschlagfotos: Vorderseite, großes Bild: Bahama-Bank westlich der Insel Eleuthera
Kleine Bilder von links nach rechts: Schwefelablagerungen im Mutnovsky-Krater auf der russischen Halbinsel Kamtschatka; Reste eines Sandsteingebirges in der Paria Wilderness, Utah, USA; Felsgrate an der regenreichen Na-Pali-Küste auf der Hawaii-Insel Kauai

Rückseite: Sterndünen in der Namib-Wüste; Osterseen im Süden Deutschlands

Vorsatz: Rumpf eines abgetrennten Faltengebirges im Damara-Land, Namibia

Nachsatz: Sanddünen in der Namib-Wüste, nach einem der seltenen Regenschauer von spärlichem Gras überzogen, Südwestafrika

HINWEIS

Bereits seit 1993 ist **KUNSTWERK ERDE** der Titel für Projekte des deutschen Künstlers IGADIM.

»KUNSTWERK ERDE – Der Blaue Vulkan – Skulptur für Lanzarote« – Das Signal ins Neue Jahrtausend!
(Internet: www.igadim.de)

IMPRESSUM

Die Deutsche Bibliothek – CIP-Einheitsaufnahme
Ein Titeldatensatz für diese Publikation ist bei der Deutschen Bibliothek erhältlich.

Sonderausgabe

BLV Verlagsgesellschaft mbH,
München Wien Zürich
80797 München

Das Werk einschließlich aller seiner Teile ist urheberrechtlich geschützt. Jede Verwertung außerhalb der engen Grenzen des Urheberrechtsgesetzes ist ohne Zustimmung des Verlages unzulässig und strafbar.
Das gilt insbesondere für Vervielfältigungen, Übersetzungen, Mikroverfilmungen, die Einspeicherung und Verarbeitung in elektronischen Geräten.

© 2002 BLV Verlagsgesellschaft mbH, München

Papier: 150 g/m² nopaCoat Silk TCF (matt), zweiseitig doppelt gestrichen Bilderdruckpapier. Säurefreies, höchst alterungsbeständiges Papier
Papier Union GmbH

UMSCHLAGGESTALTUNG: Studio Schübel, München
ARTWORK: Andrea Langenfass-Nath
LEKTORAT: Dr. Friedrich Kögel
LAYOUT UND SATZ: Atelier Langenfass, Ismaning
HERSTELLUNG: Peter Rudolph
LITHO: Fotolito Longo, Bozen
DRUCK: Appl, Wemding
 Umweltschonend mit mineralölfreien
 Druckfarben der Fa. EPPLE gedruckt
BINDUNG: Conzella, Verlagsbuchbinderei, Aschheim

Printed in Germany · ISBN 3-405-16322-6

DIE AUTOREN

Bernhard Edmaier lebt in der Nähe von München und arbeitet als freier Fotograf. Er studierte zunächst Bauwesen, dann Geologie, und absolvierte anschließend eine Ausbildung zum Fotografen. Die Erfahrungen aus diesen verschiedenen Fachrichtungen prägen seine Arbeit, deren zentrales Thema die Ästhetik der Erde ist.

Den Text schrieb Dr. Angelika Jung-Hüttl, Diplomgeologin und Wissenschaftsjournalistin. Es gelingt ihr außergewöhnlich gut, die wissenschaftlichen Hintergrundinformationen zu den Fotografien spannend und leicht verständlich zu vermitteln.

GEOART PRESSESTIMMEN

»Man kann die schönen Bilder als geologische Dokumente betrachten, als wunderbare Zeichen der Vielfalt, als Spiel der Farben. Gerade wenn sich die Wirklichkeit verliert, bekommen die Bilder eine eigene Dimension. Realität wird abstrakt. Die Erde wird zur surrealen Welt...«
Süddeutsche Zeitung

»Naturdarstellungen werden zu Seelenlandschaften. Edmaier visualisiert die faszinierende Ästhetik einer dynamischen Erde... Die Fotos haben meditative Qualität...«
Frankfurter Allgemeine Zeitung

»Die Naturstrukturen auf Edmaiers Bildern vermitteln Harmonie und Ehrfurcht vor den treibenden Kräften unseres Planeten. Dazu passt, dass die Reproduktion in diesem Bildband naturgetreu sind, ohne jegliche digitale Manipulation. Edmaier kann sich das leisten: Seine Aufnahmen sind so perfekt wie die Natur, die er abbildet.«
Bild der Wissenschaft

»...Landschaftsaufnahmen von unvergleichlicher Schönheit. Ein bemerkenswerter Bildband, der den Blick öffnet für die vielfältige Lebendigkeit in den vermeintlich so starren Formen der Erdkruste.«
Welt am Sonntag

VOM GLEICHEN AUTORENTEAM ERSCHIENEN

Atelier Erde · Farbstudien
Das facettenreiche Farbenspektrum der Erde – ein Wechselspiel aus konkret Erkennbarem und abstrakter Interpretation.

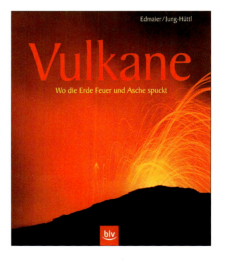

Vulkane · Wo die Erde Feuer und Asche spuckt
Spektakuläre Bildmotive, die die Erscheinungsformen des Vulkanismus rund um die Erde zeigen.

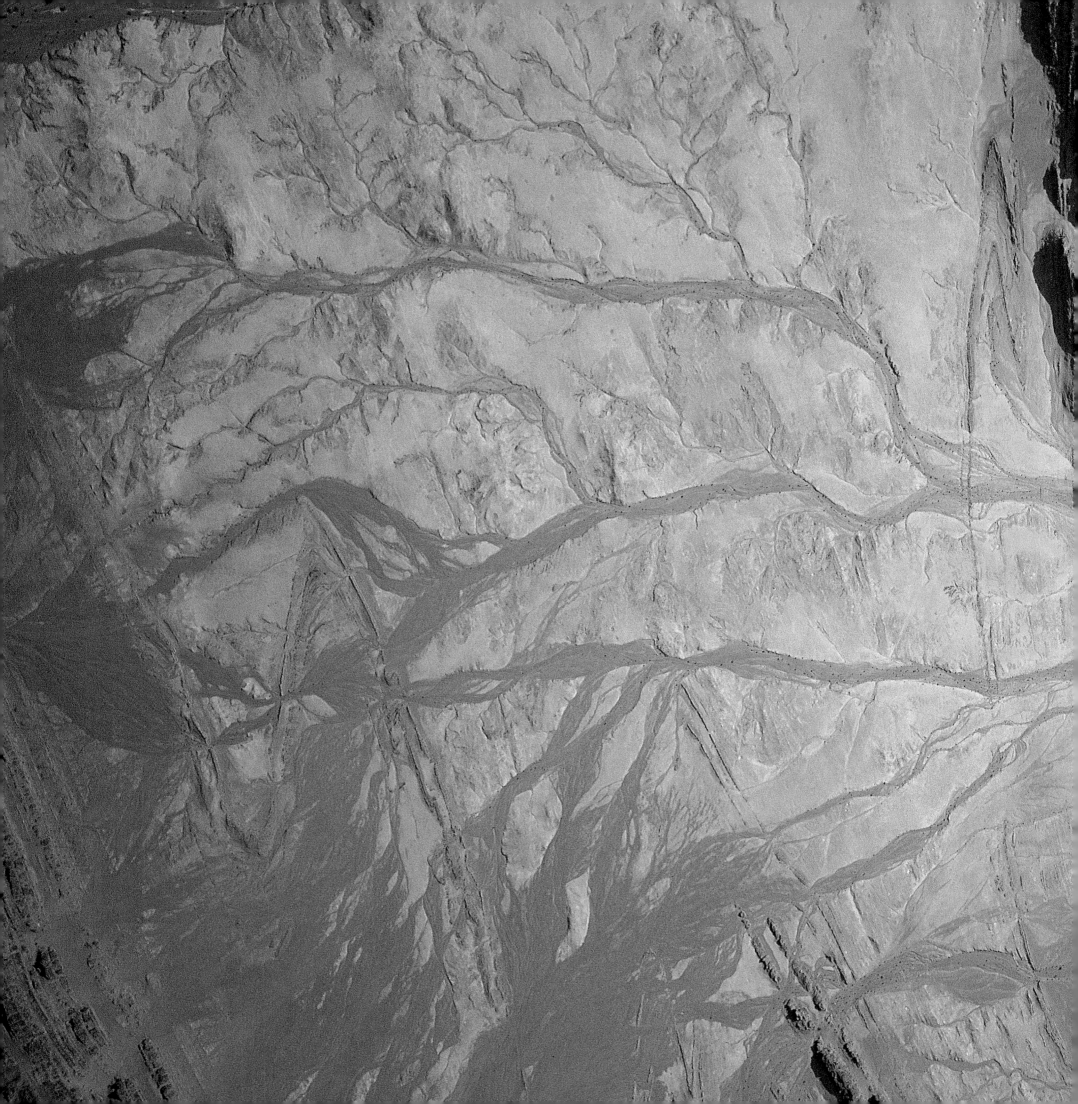